T0216188

Intelligente Technische Systeme – Lösungen aus dem Spitzencluster it's OWL

Reihe herausgegeben von
it's OWL Clustermanagement GmbH
Paderborn, Deutschland

Im Technologie-Netzwerk Intelligente Technische Systeme OstWestfalenLippe (kurz: it's OWL) haben sich rund 200 Unternehmen, Hochschulen, Forschungseinrichtungen und Organisationen zusammengeschlossen, um gemeinsam den Innovationssprung von der Mechatronik zu intelligenten technischen Systemen zu gestalten. Gemeinsam entwickeln sie Ansätze und Technologien für intelligente Produkte und Produktionsverfahren, Smart Services und die Arbeitswelt der Zukunft. Das Spektrum reicht dabei von Automatisierungs- und Antriebslösungen über Maschinen, Fahrzeuge, Automaten und Hausgeräte bis zu vernetzten Produktionsanlagen und Plattformen. Dadurch entsteht eine einzigartige Technologieplattform, mit der Unternehmen die Zuverlässigkeit, Ressourceneffizienz und Benutzungsfreundlichkeit ihrer Produkte und Produktionssysteme steigern und Potenziale der digitalen Transformation erschließen können.

In the technology network Intelligent Technical Systems OstWestfalenLippe (short: it's OWL) around 200 companies, universities, research institutions and organisations have joined forces to jointly shape the innovative leap from mechatronics to intelligent technical systems. Together they develop approaches and technologies for intelligent products and production processes, smart services and the working world of the future. The spectrum ranges from automation and drive solutions to machines, vehicles, automats and household appliances to networked production plants and platforms. This creates a unique technology platform that enables companies to increase the reliability, resource efficiency and user-friendliness of their products and production systems and tap the potential of digital transformation.

Weitere Bände in der Reihe http://www.springer.com/series/15146

Walter Sextro · Michael Brökelmann
(Hrsg.)

Intelligente Herstellung zuverlässiger Kupferbondverbindungen

Abschlussbericht zum Spitzenclusterprojekt InCuB

🐎 Springer Vieweg

Hrsg.
Walter Sextro
Fakultät für Maschinenbau
Universität Paderborn
Paderborn, Deutschland

Michael Brökelmann
Vorentwicklung, Hesse GmbH
Paderborn, Deutschland

ISSN 2523-3637   ISSN 2523-3645   (electronic)
Intelligente Technische Systeme – Lösungen aus dem Spitzencluster it's OWL
ISBN 978-3-662-55145-5   ISBN 978-3-662-55146-2   (eBook)
https://doi.org/10.1007/978-3-662-55146-2

Die Deutsche Nationalbibliothek verzeichnet diese Publikation in der Deutschen Nationalbibliografie; detaillierte bibliografische Daten sind im Internet über http://dnb.d-nb.de abrufbar.

Springer Vieweg

Springer Vieweg ist ein Imprint der eingetragenen Gesellschaft Springer-Verlag GmbH, DE und ist ein Teil von Springer Nature
Die Anschrift der Gesellschaft ist: Heidelberger Platz 3, 14197 Berlin, Germany

Vorwort der Herausgeber

Dieses Buch beschreibt die Arbeiten und Ergebnisse, die im Forschungs- und Entwicklungsprojekt „Intelligente Herstellung zuverlässiger Kupferbondverbindungen (itsowl-InCuB)" im Rahmen des von der Bundesrepublik Deutschland ausgeschriebenen Spitzenclusters „Intelligente Technische Systeme OstWestfalenLippe (it's OWL)" entstanden sind.

Das Ultraschall-Drahtbonden mit Aluminiumdraht ist ein Standardverfahren zur Kontaktierung von Leistungshalbleitermodulen. Die Einführung von Kupferdraht als Bondmaterial soll zu zahlreichen Verbesserungen der Module führen. Dies ist bedingt durch die wesentlich besseren elektrischen und thermischen Eigenschaften von Kupfer gegenüber Aluminium, die dazu führen, dass z. B. eine weitere Miniaturisierung elektrischer Komponenten möglich wird. Darüber hinaus könnte insbesondere die Verlässlichkeit der Module signifikant verbessert werden. Jedoch wurde bisher der Kupferdraht trotz seiner deutlich überlegenen physikalischen Eigenschaften im Wesentlichen nur vereinzelt eingesetzt, da der Prozess deutlich empfindlicher auf Störgrößen reagiert. Des Weiteren sind die Interaktionen der Prozessgrößen weitestgehend unbekannt. Somit ist kaum vorherzusagen, welche Kombinationen von Prozess- und Maschinenparametern zu zuverlässigen Bondausbildungen führen. Inhalt und Ziel des Projekts war daher die Entwicklung eines Verfahrens zur intelligenten Herstellung von Ultraschall-Bondverbindungen. Die Ultraschall-Drahtbondmaschine erhält dazu die Fähigkeit, sich selbstständig an veränderte Bedingungen anzupassen.

Es werden zunächst die Grundlagen des zu Grunde liegenden Fertigungs- bzw. Kontaktierungsverfahrens Ultraschall-Drahtbonden dargestellt, bevor die Modellbildung des Bondprozesses als Basis für die spätere Verhaltensanpassung der Maschine beschrieben wird. Hierbei wird zum ersten Mal der gesamte Prozess der Ultraschall-Verbindungsbildung mit einem sehr hohen physikalischen Detaillierungsgrad modelliert. Zur Verhaltensanpassung werden neueste Verfahren der Mehrzieloptimierung angewandt. Die Evaluierung erfolgt anhand eines Prototyps in Form einer modifizierten Bondmaschine.

Die beschriebenen Arbeiten stellen einen ersten Schritt zu einer autonom auf sich ändernde Produktionsbedingungen reagierenden Maschine dar. Dies stellt einen Paradigmenwechsel in der Qualifizierung von Produktionsprozessen dar. Aktuell werden nahezu alle Großserienproduktionsprozesse mit nicht veränderlichen Parametern qualifiziert und betrieben. Signifikante Parameteränderungen ziehen in der Regel eine Neuqualifizierung nach sich. Ähnlich wie bei der Einführung des autonomen Fahrens ergeben sich hier vielfältige Herausforderungen, die in Zukunft gelöst werden müssen. In diesem Projekt konnten jedoch die prinzipielle Machbarkeit und das Potential aufgezeigt werden.

Dieses Buch wendet sich an Praktiker und Fachleute aus den Bereichen Maschinenbau und Prozessentwicklung, insbesondere im Bereich Elektronik- und Halbleiterfertigung. Es behandelt für den betrachteten Prozess wesentliche Aspekte der Maschinensteuerung und autonomen Verhaltensanpassung im Kontext „Industrie 4.0". Aber auch Wissenschaftlern und Ingenieuren anderer Fachrichtungen wird ein guter Überblick und Einstieg in die Thematik gegeben.

Die Inhalte sind so dargestellt, dass sie auch Nicht-Fachleuten verständlich werden. Der Weg von der Prozessmodellierung bis zur Mehrzieloptimierung und autonomen Verhaltensanpassung wird klar beschrieben. Tiefer gehende Beschreibungen und Sachverhalte können den angefügten Referenzen und Literaturangaben entnommen werden. Wesentliche Inhalte dieses Buches sind insbesondere in den am Lehrstuhl für Dynamik und Mechatronik der Fakultät für Maschinenbau der Universität Paderborn angefertigten Dissertationen von Meyer [1], Unger [2] in wissenschaftlicher Tiefe beschrieben.

Das Projekt wurde mit Mitteln des Bundesministeriums für Bildung und Forschung (BMBF) gefördert und vom Projektträger Karlsruhe (PTKA) betreut. Diese Veröffentlichung stellt gleichzeitig auch den Abschlussbericht des besagten Projektes dar. Es haben daran Mitarbeiter der Firmen Hesse GmbH und Infineon Technologies AG sowie des Lehrstuhls für Dynamik und Mechatronik (LDM) der Fakultät für Maschinenbau der Universität Paderborn gearbeitet. An dieser Stelle sei allen Dank gesagt, die direkt oder indirekt daran mitgewirkt haben und zum Gelingen und zum Erfolg dieses Projektes beitragen haben. Besonderer Dank gilt Herrn Dr. Paul Armbruster für die Betreuung des Projektes seitens des Projektträgers Karlsruhe und dem Springer-Verlag für die Umsetzung und ansprechende Gestaltung dieses Buches.

August 2018   Walter Sextro
                                                                         Michael Brökelmann

Literatur

1. MEYER, T.: *Optimization-based reliability control of mechatronic systems,* Universität Paderborn, Diss., 2016
2. UNGER, A.: *Modellbasierte Mehrzieloptimierung zur Herstellung von Ultraschall-Drahtbondverbindungen in Leistungshalbleitermodulen,* Universität Paderborn, Diss., 2017

Inhaltsverzeichnis

Stand der Technik und Motivation

Michael Brökelmann und Olaf Kirsch

Leistungshalbleitermodule werden in vielfältigen Anwendungsfeldern wie in der Fahrzeugtechnik oder in Energie- und Produktionsanlagen massenhaft eingesetzt. Mit ihrer Hilfe können große elektrische Ströme und Spannungen sicher und effizient geschaltet und gesteuert werden. Die herkömmliche und weit verbreitete Aufbau- und Verbindungstechnologie für aktuelle Leistungshalbleitermodule sieht sich jedoch besonders in den neuen Wachstumsmärkten der erneuerbaren Energien und der Elektromobilität enormen Herausforderungen ausgesetzt.

Das seit Jahrzehnten etablierte Verfahren zur Kontaktierung der Leistungshalbleiter ist das Ultraschall-Drahtbonden mit Drähten aus Aluminium als Verbindungsmaterial. Diese Bondverbindungen werden von einer Bondmaschine in einem Ultraschall-Reibschweißverfahren aufgebracht. Dabei werden in der Regel Drahtdurchmesser von 125 bis 500 µm verarbeitet.

Wo bisher Standard-Aluminiumbondverbindungen Applikationen mit Betriebstemperaturen bis 150 °C bedienen konnten, werden für neue Anwendungsgebiete Temperaturen am Chip von bis zu 200 °C erreicht. Somit ist die Leistungseffizienz und Leistungsdichte in den Halbleitermodulen ein wesentlicher Treiber für immer leistungsfähigere Bondverbindungen. Damit nicht genug, auch die Anforderung an die Lebensdauer der Produkte hat sich dramatisch verändert. Waren in der Vergangenheit bei einfachen Motorsteuerungen oder im Maschinenbau Zyklen von bis zu 10 Jahren ausreichend, gehen heutige Anforderungen,

M. Brökelmann (✉)
Vorentwicklung, Hesse GmbH, Paderborn, Deutschland
E-Mail: michael.broekelmann@hesse-mechatronics.com

O. Kirsch
Packaging Technologies, Infineon Technologies AG, Warstein, Deutschland
E-Mail: Olaf.Kirsch@infineon.com

© Springer-Verlag GmbH Deutschland, ein Teil von Springer Nature 2019
W. Sextro und M. Brökelmann (Hrsg.), *Intelligente Herstellung zuverlässiger Kupferbondverbindungen,* Intelligente Technische Systeme – Lösungen aus dem Spitzencluster it's OWL, https://doi.org/10.1007/978-3-662-55146-2_1

besonders in den Bereichen Traktion und erneuerbare Energien, von einer Lebensdauer von 30 Jahren und mehr aus. Die begrenzenden Faktoren sind hier das Material Aluminium als Bondverbindung, sowie die klassische Chipkontaktierung mittels Lot. Beide sind den gestiegenen Anforderungen nicht gewachsen.

Das alles führt zur Notwendigkeit der beständigen Weiterentwicklung der Aufbau- und Verbindungstechnologie innerhalb der Leistungshalbleitermodule. Ein Ansatz zur Realisierung von höheren Leistungsdichten, höheren Betriebstemperaturen sowie drastisch verlängerter Lebensdauer ist der Einsatz von neuen Bondmaterialien in Verbindung mit neuen Chipkontaktierungsverfahren. Als Bondmaterial ist vor allen Dingen Kupfer (siehe Abb. 1.1) als geeigneter Werkstoff zu sehen, da es, im Vergleich zu Aluminium, über deutlich bessere elektrische, thermische und mechanische Eigenschaften verfügt. Zudem ist die thermomechanische Verträglichkeit der Kupferverbindung auf dem Siliziumchip deutlich besser. Damit lassen sich höhere Stromtragfähigkeiten in Verbindung mit deutlich erhöhten zulässigen Betriebstemperaturen erzielen, sowie eine drastisch erhöhte Lebensdauer der Bondverbindung. Konsequenterweise wird in diesem Umfeld das Silbersintern als eine optimierte Chipkontaktierungstechnik für die Leistungshalbleiter betrachtet, damit die erzielten

Abb. 1.1 Ultraschall-Bondprozess mit Kupferdraht. (Quelle: *Hesse GmbH*)

Verbesserungen in den Bereichen Lebensdauer und Leistungsdichten auch ganzheitlich in einem Modul umgesetzt werden können. Aufgrund dieser Optimierungspotenziale können neue Chiptechnologien auf Basis von SiC oder GaN mit gleicher oder sogar höherer Leistung bzw. Effizienz genutzt werden, diese Technologien sind somit für neue Anwendungsbereiche hoch interessant. Das gilt insbesondere für SiC als eine der Zukunftstechnologien, die auf vielen Road Maps der Chipentwickler und Leistungsmodulhersteller zu finden ist.

Als größte Herausforderung beim Kupferdrahtbonden hingegen stellt sich der Bondprozess selbst dar. Dieser weicht erheblich von dem bekannten Aluminium-Drahtbondprozess ab und hat sowohl Anwender zu neuen Prozessen als auch Equipment-Anbieter zu neuen bzw. erweiterten Bondmaschinen gezwungen. Ursächlich hierfür sind vorrangig die deutlich höhere Festigkeit von Kupfer im Vergleich zu Aluminium und die daraus resultierenden höheren Prozesskräfte und Ultraschallleistungen, aber auch das vollständig unterschiedliche Reibverhalten von Kupferdraht im Bondprozess. Deutlich höhere Prozesskräfte bergen die Gefahr der Beschädigung von Oberflächen beim Kontaktierungspartner, zum Beispiel beim Chipbonden eine deformierte oder abgelöste Vorderseitenkontaktierung. Um diese nachteiligen Effekte zu vermeiden ist das zur Verfügung stehende Bondprozessfenster stärker eingeengt als es zum Beispiel für einen Aluminium-Drahtbondprozess notwendig wäre. Daraus resultiert auch eine erhöhte Empfindlichkeit gegenüber Materialschwankungen oder Verunreinigungen. Aber auch der Kupferbondprozess an sich unterliegt starken Schwankungen, besonders aufgrund von deutlich erhöhtem Werkzeugverschleiß. Dieser liegt in der hohen Härte und dem abrasiven Verhalten von Kupfer beim Bonden begründet. Dies hat kürzere Wechselintervalle und hohe Kosten zur Folge.

Aus diesen Herausforderungen ergibt sich direkt die Motivation für die in diesem Buch vorgestellten Verfahren und Methoden:

Es stellt sich die Forderung nach einer sehr guten Kontrolle des Kupferbondprozesses und nach Strategien, um Prozessstörungen zu begegnen. Eine adaptive Optimierung der Prozessführung beim Kupferdrahtbonden wird angestrebt, sodass unnötige Belastungen von Bondstelle/Chip und Werkzeug vermieden werden. Auswirkungen von Störgrößen wie Werkzeugverschleiß sollen minimiert werden und die Effizienz soll maximiert werden, d. h. die Prozesszeiten sollen kurz gehalten werden. Dies darf allerdings die Qualität und Festigkeit der Bondverbindungen nicht beeinträchtigen. Hier wird deutlich, dass sich die Teilziele widersprechen. Daher kommen im Folgenden Verfahren der Verhaltensanpassung und Methoden der Mehrzieloptimierung zur Anwendung. Hierbei ist eine modellbasierte Abbildung der physikalischen Vorgänge beim Kupferdrahtbonden entscheidend.

Ziel ist die Entwicklung eines Verfahrens zur Herstellung zuverlässiger Kupferdrahtverbindungen mittels Ultraschalldrahtbonden unter variablen Produktionsbedingungen. Hierzu gehören die Online-Ermittlung deterministischer Störgrößen und eine Möglichkeit zur Anpassung des Prozesses an geänderte Zielvorgaben im Sinne einer Verhaltensanpassung der Bondmaschine.

Grundlagen des Ultraschall-Drahtbondens

2

Matthias Hunstig, Andreas Unger und Tobias Meyer

Als Grundlage für die in den nachfolgenden Kapiteln beschriebenen Modelle und Methoden werden in diesem Kapitel zunächst der Ablauf eines Ultraschall-Drahtbondprozesses sowie die dafür notwendige Ultraschallerweichung ("Ultrasonic Softening") beschrieben. Anschließend werden Modelle für den piezoelektrischen Wandler vorgestellt, der zur Erzeugung der Ultraschallschwingung genutzt wird, und es wird eine Einführung in die Mehrzieloptimierung und Verhaltensanpassung inkl. einiger relevanter Vorarbeiten gegeben.

2.1   Der Ultraschall-Drahtbondprozess

Das Ultraschall-Drahtbonden gehört zu den Ultraschall-Reibschweißverfahren. Die Verbindungsbildung erfolgt dabei durch das Zusammenwirken von Ultraschallschwingung und Druck. In einigen Anwendungen wird im sogenannten Thermosonic-Verfahren zusätzlich Wärme zugeführt, insbesondere bei der Verarbeitung von Golddrähten. Das Ultraschall-Drahtbonden wird in der Elektronik dort angewendet, wo elektrische Kontakte zwischen zwei Bauteilen hergestellt werden müssen. So muss beispielsweise ein ungehäuster Chip mit den einzelnen Leiterbahnen einer Leiterplatte oder mit dem vorgesehenen Chipgehäuse

M. Hunstig (✉) · A. Unger
Vorentwicklung, Hesse GmbH, Paderborn, Deutschland
E-Mail: matthias.hunstig@hesse-mechatronics.com

A. Unger
E-Mail: andreas.unger@hesse-mechatronics.com

T. Meyer
Bereich Anlagen- und Systemtechnik, Frauenhofer IWES, Bremerhaven, Deutschland
E-Mail: tobias.meyer@iwes.fraunhofer.de

© Springer-Verlag GmbH Deutschland, ein Teil von Springer Nature 2019
W. Sextro und M. Brökelmann (Hrsg.), *Intelligente Herstellung zuverlässiger Kupferbondverbindungen,* Intelligente Technische Systeme – Lösungen aus dem Spitzencluster it's OWL, https://doi.org/10.1007/978-3-662-55146-2_2

verbunden werden. Dies geschieht durch eine Drahtverbindung, die an beiden Enden angeschweißt (engl. to bond = zusammenfügen) wird. Das Ultraschall-Drahtbonden dominiert aktuell als Kontaktierungsmethode mit rund 90 % den Markt der Halbleiterverbindungstechnik aufgrund der hohen Kosteneffektivität und der großen Flexibilität [1]. Die prinzipiellen Verfahrensschritte des Dickdrahtbondprozesses sind als Beispiel in Abb. 2.1 dargestellt. Zunächst fährt das Bondwerkzeug, auch *Wedge* genannt, über die angestrebte erste Bondposition *(Source)*. Der Draht liegt hierbei unter dem Bondwerkzeug. Als nächstes wird der Draht an der ersten Bondposition mit einer zuvor definierten Bondnormalkraft F_N auf die zu kontaktierende Stelle gesetzt und kaltverformt. Das Aufsetzen des Bondwerkzeugs auf den Draht wird auch als *Touchdown* bezeichnet. Nachfolgend wird der Ultraschall für eine definierte Bonddauer eingeschaltet, sodass der Draht auf dem Substrat reibt und sich schließlich Mikroverschweißungen zwischen den beiden Kontaktpartnern bilden. Anschließend verfährt das Bondwerkzeug in einer bestimmten Bewegungstrajektorie, um die gewünschte Drahtgeometrie zwischen den Kontaktstellen zu erhalten. Die entstehende Drahtgeometrie wird *Loop* genannt. Danach wiederholt sich der Bondvorgang analog zur ersten Bondposition. Ist der zweite Bond hergestellt *(Destination)*, so wird der Draht mithilfe eines Messers eingeschnitten und durch das nachfolgende seitliche Wegfahren des Bondwerkzeugs abgerissen, sodass im Anschluss eine neue Verbindung gesetzt werden kann.

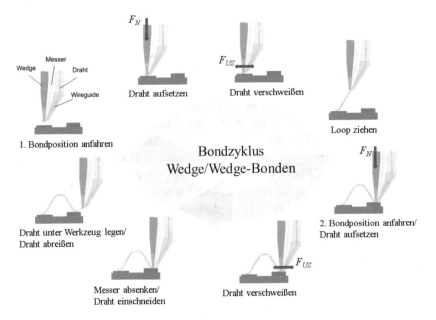

Abb. 2.1 Zyklus eines Drahtbondprozesses [2]

2.2   Ultrasonic Softening

Das Phänomen des Ultrasonic Softening wird in der Fachwelt u. a. von Langenecker [3] als ein wichtiger Effekt der Umformung von Metallen unter Ultraschalleinfluss genannt. Durch eine zusätzliche Energie in Form von Ultraschallschwingungen senkt sich die Fließgrenze in Metallen deutlich herab, sodass plastische Deformation auch schon bei niedrigerer Normalkraft auftreten kann. Der für die Verbindung der Kontaktpartner bedeutendere Effekt ist somit nicht die entstehende Reibwärme zwischen Draht und Substrat [4], sondern das Erweichen der Verbindungspartner. Als Volumeneffekt stellt das Ultrasonic Softening somit neben weiteren Effekten einen wesentlichen Mechanismus des Schweißprozesses dar. Eine wichtige Eigenschaft des Ultrasonic Softenings im Vergleich zu einer Erweichung durch Erwärmung ist, dass deutlich weniger Ultraschallenergie als Wärmeenergie benötigt wird [5]. Werden die Ultraschallwellen im Festkörper an Defekten des Materials absorbiert (hier spielt auch die hohe Defektdichte aus der Vordeformation eine Rolle), so werden mechanische Spannungen induziert, die sich mit äußeren Belastungen überlagern. Das hat zur Folge, dass in der Summe aus dynamischer Spannung und statischer äußerer Beanspruchung die aufgebrachte Spannung infolge einer Anpresskraft kleiner sein kann, um die Fließspannung zu überschreiten [5]. Der Effekt der Erweichung ist hier direkt in Abhängigkeit der eingebrachten Ultraschallenergie zu setzen.

In Spannungs-Dehnungs-Diagrammen kann der bekannte Einfluss der Erwärmung des Materials mit einer korrespondierenden Ultraschalleistung verglichen werden. Langenecker [3] hat z. B. das Materialverhalten von Einkristallen aus Aluminium im Spannungs-Dehnungs-Diagramm bei verschiedenden US-Leistungen bzw. Temperaturen untersucht. So entspricht beispielsweise in Spannungs-Dehnungs-Kurven des Aluminiums ein Ultraschalleistung von $15\,\text{W/cm}^2$ einer Erwärmung auf $200\,°\text{C}$. Somit wird dargestellt, dass mithilfe einer in das Material eingebrachten kinetischen Energie, ähnlich wie bei der Erwärmung, die Fließgrenze des Materials deutlich herabgesetzt werden kann. Herbertz [6] beobachtete ebenfalls eine lineare Abnahme der Fließspannung mit der Erhöhung der Ultraschallamplitude. Diese Versuche zur Messung der Fließspannungsabnahme, die durch Ultraschalleinkopplung in Materialproben beobachtet wurde, sind zumeist in Prüfmaschinen durchgeführt worden. Diese Untersuchungen unterliegen teilweise Ungenauigkeiten, da die Materialproben einer signifikanten Erwärmung bei hohen Ultraschalleistungen unterlegen waren. Allein die Erwärmung führt bereits zu einer Reduktion der Fließgrenze in den Materialproben.

2.3   Eigenschaften und Modellierung piezoelektrischer Systeme

Die für das Ultraschall-Drahtbonden benötigte Ultraschallschwingung wird durch einen piezoelektrischen Wandler, den sogenannten Ultraschalltransducer, erzeugt. An diesen wird hierzu eine elektrische Wechselspannung angelegt. In piezoelektrischen Systemen sind elektrische und mechanische Größen gekoppelt, wodurch die elektrische Wechselspannung zur einer mechanischen Schwingung des Ultraschalltransducers führt. Daher bietet sich zur Beschreibung eines Piezoelements die sog. *Vielpoltheorie* aus der Elektrotechnik an [7], mithilfe derer die mechanischen Größen Kraft $\hat{F}$ und Geschwindigkeit $\hat{v}$ und die elektrischen Größen Spannung $\hat{U}$ und Strom $\hat{I}$ wie in Abb. 2.2 gezeigt verknüpft werden können.

$\hat{I}$ und $\hat{v}$ sind dabei vom Vierpolverhalten abhängige Größen, welche durch eine Messung erfasst werden können. $\hat{U}$ und $\hat{F}$ sind vom Vierpolverhalten unabhängige Größen, welche vorgegeben werden, um die Reaktion des Vierpols auf diese Änderung zu erhalten. Dieser Zusammenhang kann z. B. in der folgenden Leitwertform beschrieben werden [8]:

$$\begin{bmatrix} \hat{I} \\ \hat{v} \end{bmatrix} = \begin{bmatrix} \underline{Y}_{11} & \underline{Y}_{12} \\ \underline{Y}_{21} & \underline{Y}_{22} \end{bmatrix} \begin{bmatrix} \hat{U} \\ \hat{F} \end{bmatrix} \tag{2.1}$$

Die Elemente der Leitwertmatrix werden dabei bezeichnet als:

$$\underline{Y}_{11} = \left.\frac{\hat{I}}{\hat{U}}\right|_{\hat{F}=0} \qquad \text{Kurzschlusseingangsadmittanz} \tag{2.2}$$

$$\underline{Y}_{12} = \left.\frac{\hat{I}}{\hat{F}}\right|_{\hat{U}=0} \qquad \text{Kurzschlusskernadmittanz (rückwärts)} \tag{2.3}$$

$$\underline{Y}_{21} = \left.\frac{\hat{v}}{\hat{U}}\right|_{\hat{F}=0} \qquad \text{Kurzschlusskernadmittanz (vorwärts)} \tag{2.4}$$

$$\underline{Y}_{22} = \left.\frac{\hat{v}}{\hat{F}}\right|_{\hat{U}=0} \qquad \text{Kurzschlussausgangsadmittanz} \tag{2.5}$$

Für die praktische Charakterisierung piezoelektrischer Systeme wird insbesondere die Kurzschlusseingangsadmittanz $\underline{Y}_{11} = \left.\frac{\hat{I}}{\hat{U}}\right|_{\hat{F}=0}$ bzw. die auch unter Last ($\hat{F} \neq 0$) bestimmbare „elektrische Admittanz" $\underline{Y}_{el} = \frac{\hat{I}}{\hat{U}}$ häufig genutzt, da sie durch rein elektrische Messungen und damit unabhängig von Kraft- und Geschwindigkeitssensorik bestimmt werden kann.

Abb. 2.3 zeigt typische Frequenzgänge der „elektrischen" und der „mechanischen Admittanz" eines Ultraschalltransducers sowie die zugehörigen Ortskurven. Die Diagramme zeigen u. a. die charakteristische Resonanzfrequenz f_r und Antiresonanzfrequenz f_a, bei denen die Phase $\arg\left(\hat{I}/\hat{U}\right) = 0$ ist und die Frequenz f_m, bei der die Impedanz minimal, also

Abb. 2.2 Vierpoldarstellung eines piezoelektrischen Wandlers (angelehnt an [8])

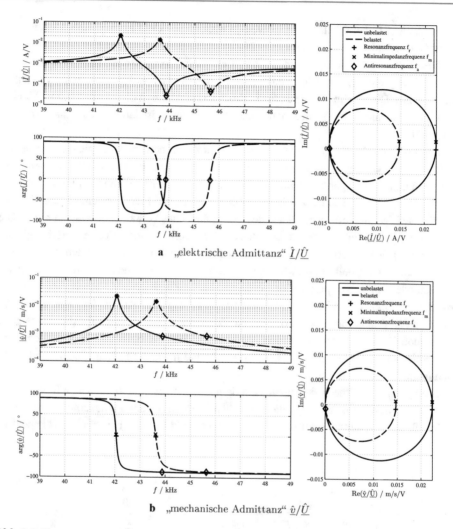

Abb. 2.3 Frequenzgänge und Ortskurven eines typischen Ultraschall-Wandlers für das Drahtbonden (Modellrechnung) mit charakteristischen Frequenzen; unbelastet und belastet, z. B. während des Bondprozesses

die Admittanz $\left|\hat{I}/\hat{U}\right|$ maximal ist. Bei einem schwach gedämpften System, wie beispielsweise einem Ultraschalltransducer zum Drahtbonden, gilt $f_r \approx f_m$. Bei stärker gedämpften Systemen unterscheiden sich die charakteristischen Frequenzen deutlicher [9, 10]. Piezoelektrische Ultraschallschwinger werden zumeist in Resonanz (Frequenz f_r) oder in Antiresonanz (Frequenz f_a) betrieben, da sie hier rein resistives Verhalten zeigen und hohe Wirkungsgrade erreichbar sind [11]. Bei niedrigeren und mittleren Leistungen bis zu einigen 100 W, z. B. beim Ultraschallbonden, wird zumeist in Resonanz gearbeitet. Bei hohen

Leistungen, z. B. beim Ultraschallschweißen mit einigen kW Leistung, überwiegen oft die Vorteile des Antiresonanzbetriebs.

Die Diagramme zeigen außerdem den Effekt einer mechanischen Last, z. B. des Bond-prozesses, auf das System: Die charakteristischen Frequenzen steigen durch die Versteifung des Systems. Die maximale Admittanz in Resonanz sinkt durch die Lastdämpfung. Um wei-terhin in Resonanz (oder Antiresonanz) arbeiten zu können, ist daher eine Frequenzregelung erforderlich.

Aus der in der Vierpoldarstellung zum Ausdruck kommenden Analogie elektrischer und mechanischer Größen wurden diverse elektromechanische Ersatzmodelle abgeleitet wie z. B. von Lenk und Irrgang [12] und Mason und Thurston [13]. Wenn ein piezoelektrisches System wie etwa ein Bond-Transducer in einem begrenzten Frequenzbereich lediglich eine dominante Eigenmode aufweist, kann dessen dynamisches Verhalten in diesem Frequenzbe-reich in guter Näherung durch ein diskretes Ersatzmodell mit einem Freiheitsgrad modelliert werden [14]. Voraussetzung ist hierbei, dass es sich um ein lineares System mit harmoni-scher Anregung handelt. Sind zwei oder auch mehrere Eigenmoden vorhanden, lassen sich Ersatzmodelle mittels Superpositionsprinzip zu einem Zwei- bzw. Mehrfreiheitsgradmodell zusammenführen. Diese Modelle mit wenigen Freiheitsgraden sind in der Lage, rechenauf-wendige FE-Simulationen im Frequenz- und Zeitbereich zu ersetzen [15]. Abb. 2.4 zeigt ein Ersatzmodell eines piezoelektrischen Aktors mit einem Freiheitsgrad in elektrischer und mechanischer Darstellung. Beide Darstellungen sind mathematisch äquivalent und lassen sich ineinander überführen.

Die modalen Parameter der in Abb. 2.4 dargestellten Ersatzmodelle haben folgende Be-deutung: R beschreibt die sog. dielektrischen Verluste in der Piezokeramik, welche in praktischen Anwendungen oft vernachlässigt werden können. C beschreibt das kapazitive

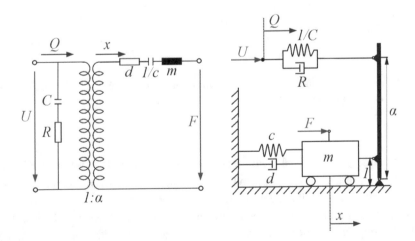

Abb. 2.4 Äquivalente elektrische und mechanische Ersatzmodelle eines piezoelektrischen Systems, wobei $I = \frac{dQ}{dt}$ und $v = \frac{dx}{dt}$ [8]

Verhalten der Keramik. Die Masse m ist die modale Masse, d die modale mechanische Dämpfung und c die modale Steifigkeit bei der entsprechenden Schwingungsform des betrachteten Systems. Die Kopplung zwischen mechanischen und elektrischen Größen wird durch einen idealen Transformator bzw. einen starren, masselosen, reibungsfrei gelagerten Hebel mit der Länge α abgebildet. Das Verhalten der Ersatzmodelle kann mit einfachen dynamischen Gleichungen beschrieben werden, welche sowohl schnelle Analysen im Frequenzbereich als auch numerische Zeitsimulationen zur Berechnung der Systemantwort für beliebige Anregungen ermöglichen [14].

2.4   Mehrzieloptimierung und Verhaltensanpassung

Basierend auf den Ergebnissen eines Condition Monitorings soll der Bondprozess in Zukunft so beeinflusst werden, dass eine gewünschte Qualität direkt vorgegeben werden kann, anstatt nur mittelbar über angepasste Parameter beeinflusst werden zu können. Als Grundlage dazu werden mögliche Betriebspunkte mittels Mehrzieloptimierung berechnet. Sie wird genutzt, wenn mehrere konfliktäre Ziele vorliegen [16]. Die Ziele werden als Zielfunktionen ausgedrückt, die von gemeinsamen Parametern abhängig sind. Ein Optimierungsalgorithmus versucht nun, über Parameteranpassungen das gemeinsame Optimum, also den Punkt, für den alle Zielfunktionswerte minimal sind, zu finden. Bei konfliktären Zielfunktionen kann dies nicht gelingen, da die einzelnen Ziele für unterschiedliche Parameterkombinationen optimal sind. Statt eines optimalen Ergebnisses erhält man daher als Ergebnis eine Menge möglicher Kompromisse, die jeweils eine unterschiedliche Priorisierung der einzelnen Ziele enthalten. Diese Menge wird Paretofront genannt; die zu allen möglichen Kompromissen gehörenden Parameter ergeben die Paretomenge. Gemeinsam wird ein aus der Paretofront ausgewählter Kompromiss mit dem zugehörigen Parametersatz aus der Paretomenge im Folgenden auch häufig als Betriebspunkt bezeichnet.

Abb. 2.5 zeigt exemplarisch den Prozess einer Mehrzieloptimierung mit zwei konfliktären Zielfunktionen. Beliebige Parameterkombinationen spannen dabei einen Raum möglicher Zielkompromisse auf, der eine nicht überschreitbare Grenze zu haben scheint. Sinn einer Optimierung ist nun, diese Grenze möglichst effizient zu finden. Da per Konvention von Minimierungsproblemen ausgegangen wird, ist nur der *linke untere* Bereich interessant; alle anderen Punkte werden von diesen *dominiert*. Im gewählten Beispiel konvergiert der Optimierungsalgorithmus von einem Startwert aus zu möglichen Kompromissen, die Teil der Paretofront sind; in Abb. 2.5 sind zwei Pfade des Konvergenzprozesses dargestellt. Während garantierte Konvergenz zur Paretofront natürlich das Hauptkriterium bei der Wahl eines Optimierungsalgorithmus ist, ist ein weiteres wesentliches Ziel eine möglichst gleichmäßige Verteilung der gefundenen Punkte auf der Paretofront [17]. Dieses Ziel ist im Zusammenhang mit einer Verhaltensanpassung, wie sie im Folgenden für den Bondprozess umgesetzt werden wird, besonders wichtig.

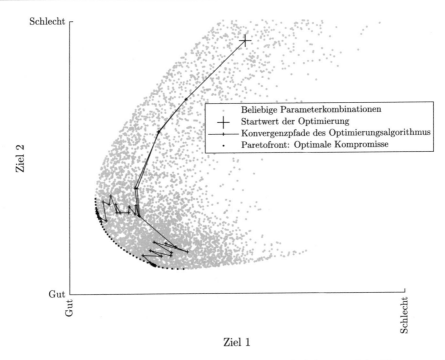

Abb. 2.5 Exemplarische Paretofront mit zwei konfliktären Zielfunktionen und den Konvergenzpfaden für zwei unterschiedliche Zielkompromisse

Beim Ultraschalldrahtbonden ergeben sich mehrere konkurriende Ziele: Einerseits muss die während des Reibschweißprozesses umgesetzte Energie ausreichend für eine sichere Anbindung sein, andererseits muss sie so niedrig sein, dass der Chip nicht beschädigt wird. Relevante Fehlerfälle sind dabei unter anderem Cratering und Delamination tieferer Lagen. Somit sind die für die Maschine einzustellenden Prozessparameter durch diese Fehlermechanismen beschränkt. Bauernschub und Lall [18] und Uder et al. [19] liefern in diesem Zusammenhang die auftretenden Fehlerarten beim Bonden. Diese Versagensfälle müssen als notwendige Randbedingungen für einen zuverlässigen Bond beim Adaptieren der Prozessparameter möglichst berücksichtigt werden.

Um Mehrzieloptimierung nutzen zu können, muss die Berechnung der Zielgrößen rein modellbasiert möglich sein. Dazu ist es insbesondere nötig, die erreichte Zuverlässigkeit bereits vor der Fertigung einzuschätzen, was dem derzeit genutzten empirischen Vorgehen mittels Bewertung der tatsächlichen Ausfallhäufigkeit widerspricht. Darüber hinaus ist für eine kontinuierliche Anpassung während des Betriebs nicht nur eine Bewertung der vorab bestimmten Betriebspunkte nötig, sondern auch die Bestimmung der tatsächlich erreichten

Zielwerte. Diese muss dazu in der Lage sein, während des Fertigens der Bondverbindungen zerstörungsfrei Aussagen über die vermutlich erreichte Zuverlässigkeit zu machen. Die eigentliche Anpassung der Prozessparameter während des Betriebs geschieht dann in der Form eines geschlossenen Regelkreises: Gewünschte Zuverlässigkeitswerte werden mit den tatsächlich erreichten verglichen und der Betriebspunkt wird nach Bedarf nachjustiert. Ein Verhaltensanpassungsverfahren für die Zuverlässigkeit bezüglich eines Systemausfalls wurde in [20] vorgestellt. Dieses Verfahren kann auch auf den Fertigungsprozess der Bondverbindungen übertragen werden.

In [20, 21] wurde die Auswirkung des Anfahrens eines PKW auf die Lebensdauer der automatisch aktuierten Reibkupplung betrachtet. Durch Verhaltensanpassung konnte die Lebensdauer des Systems wesentlich zuverlässiger eingehalten werden, während zugleich maximale Leistungsfähigkeit sichergestellt wurde. Dadurch kann Wartung effizienter geplant und letztlich die tatsächliche Nutzungsdauer erhöht werden. Bei einer ähnlichen Problematik werden heute schon in großen Produktionsanlagen häufig statistische Prozessregelungen genutzt, um die gewünschte Qualität hergestellter Güter sicherzustellen. Dieses Verfahren berücksichtigt dabei den vollständigen Produktionsprozess, sodass zur Regelstrecke bspw. Maschinen, Menschen und genutzte Materialien gehören können. Eine Automatisierung des Regelungseingriffes, wie er in der klassischen Regelungstechnik umgesetzt wird, ist dabei aber nicht möglich; vielmehr wird die Anlage selbst oder der Fertigungsprozess manuell angepasst [22].

Im Bereich der Verlässlichkeit von Maschinen wird häufig eine prädiktive Instandhaltung genutzt, bei der der aktuelle Degradations-Zustand beobachtet wird, um Wartungen nach Bedarf auszuführen und so die Verfügbarkeit einer Maschine zu steigern [23]. In heutigen komplexen Systemen wird ein Condition Monitoring häufig als Warnwerkzeug für die Instandhaltung betrachtet [24]; eine Beeinflussung des Systemverhaltens während der Betriebsphase ist nicht vorgesehen. Dies wird durch das „Safety and Reliability Control Engineering Concept" (SRCE-Concept) nach Söffker et al. [25] erweitert, das ein Rahmenkonzept darstellt, um Nutzungs- und v. a. Zuverlässigkeitskenngrößen regeln zu können. Gemessene oder beobachtete Systemgrößen werden in Kenngrößen wie Ausfallrate oder Ausfallwahrscheinlichkeit umgewandelt, welche die aktuelle Beanspruchung und Beanspruchungshistorie der im Fokus stehenden Komponente berücksichtigen. Über bekannte signal- oder modellbasierte Verfahren und den Einsatz von Expertensystemen können den auftretenden Belastungen Veränderungen der Zuverlässigkeitskenngrößen zugeordnet werden. Ziel ist die Auslegung von Regelungs- und Überwachungsstrategien für das technische System, um exemplarisch eine verlängerte Lebensdauer zu erreichen [25–27]. Bei diesem Ansatz werden fest vorgegebene Gegenmaßnahmen, wie etwa eine Anpassung der Betriebsparameter, durchgeführt. Eine Adaption des Verhaltens hinsichtlich der Qualität hergestellter Güter ist jedoch nicht vorgesehen.

Literatur

1. CHAUHAN, P. S. ; CHOUBEY, A. ; ZHONG, Z. ; PECHT, M. G.: Copper wire bonding. In: *Copper Wire Bonding*. Springer, 2014, S. 1–9
2. EACOCK, F.: *Mikrostrukturuntersuchungen an Al- und Cu-Bonddrähten*, Universität Paderborn, Diplomarbeit, 2013
3. LANGENECKER, B.: Effects of Ultrasound on Deformation Characteristics of Metals. In: *IEEE Transactions on Sonics and Ultrasonics* 13 (1966), March, Nr. 1, S. 1–8
4. MAYER, M. ; ZWART, A.: Ultrasonic friction power in microelectronic wire bonding. In: *Materials science forum* Bd. 539 Trans Tech Publ, 2007, S. 3920–3925
5. SIDDIQ, A. ; GHASSEMIEH, E.: Thermomechanical analyses of ultrasonic welding process using thermal and acoustic softening effects. In: *Mechanics of Materials* (2008), S. 982–1000
6. HERBERTZ, J.: *Untersuchungen über die plastische Verformung von Metallen unter Einwirkung von Ultraschall*, Gesamthochschule Duisburg, Habilitationsschrift, 1979
7. MASON, W. P.: *Electromechanical transducers and wave filters*. D. Van Nostrand Co., 1948
8. WALLASCHEK, J.: *Piezoelektrische Werkstoffe und ihre technischen Anwendungen (Vorlesungsskript Mechatronik und Dynamik, Universität Paderborn)*. 2000
9. *Standard Definitions and Methods of Measurement for Piezoelectric Vibrators (IEEE Standard 177)*. 1966
10. AL-ASHTARI, W. ; HUNSTIG, M. ; HEMSEL, T. ; SEXTRO, W.: Analytical determination of characteristic frequencies and equivalent circuit parameters of a piezoelectric bimorph. In: *Journal of Intelligent Material Systems and Structures* 23 (2012), Nr. 1, S. 15–23
11. HIROSE, S. ; AOYAGI, M. ; TOMIKAWA, Y. ; TAKAHASHI, S. ; UCHINO, K.: High power characteristics at antiresonance frequency of piezoelectric transducers. In: *Ultrasonics* 34 (1996), Nr. 2, S. 213–217
12. LENK, A. ; IRRGANG, B.: *Elektromechanische Systeme*. Verlag Technik Berlin, 1975
13. MASON, W. P. (Hrsg.) ; THURSTON, R. N. (Hrsg.): *Physical acoustics*. Bd. 8. New York : Academic Press, 2014
14. BRÖKELMANN, M.: *Entwicklung einer Methodik zur Online-Qualitätsüberwachung des Ultraschall-Drahtbondprozesses mittels integrierter Mikrosensorik*, Universität Paderborn, Diss., 2008
15. KRÓL, R.: *Eine Reduktionsmethode zur Ableitung elektromechanischer Ersatzmodelle für piezoelektrische Wandler unter Verwendung der Finite-Elemente-Methode (FEM)*, Universität Paderborn, Diss., 2010
16. EHRGOTT, M.: *Multicriteria optimization*. Springer Science & Business Media, 2006
17. DEB, K.: *Multi-Objective Optimization using Evolutionary Algorithms*. John Wiley & Sons, 2001
18. BAUERNSCHUB, R. ; LALL, P.: A PoF Approach To Addressing Defect-Related Reliability. In: *Sixteenth IEEE/CPMT International Electronics Manufacturing Technology Symposium: Low-Cost Manufacturing Technologies for Tomorrows Global Economy* (1994)
19. UDER, S. J. ; STONE, R. B. ; TUMER, I. Y.: Failure analysis in subsystem design for space missions. In: *ASME 2004 International Design Engineering Technical Conferences and Computers and Information in Engineering Conference* American Society of Mechanical Engineers, 2004, S. 201–217
20. MEYER, T.; SONDERMANN-WÖLKE, C.; SEXTRO, W.: Method to Identify Dependability Objectives in Multiobjective Optimization Problem. In: *Procedia Technology* 15 (2014), S. 46–53
21. MEYER, T.: *Optimization-based reliability control of mechatronic systems*, Universität Paderborn, Diss., 2016

22. RAU, M. ; STOLLMAYER, U.: *Handbuch QM-Methoden: Die richtige Methode auswählen und erfolgreich umsetzen*. Carl Hanser Verlag, 2012

23. JARDINE, A. K. ; LIN, D. ; BANJEVIC, D.: A review on machinery diagnostics and prognostics implementing condition-based maintenance. In: *Mechanical systems and signal processing* 20 (2006), Nr. 7, S. 1483–1510

24. MA, L.: Condition monitoring in engineering asset management, 2007

25. SÖFFKER, D. ; RAKOWSKY, U. K. ; MÜLLER, P. C. ; PETERS, O. H.: Perspektiven regelungs-und zuverlässigkeitstheoretischer Methoden zur Überwachung dynamischer Systeme aus sicherheits-technischer Sicht. In: *at-Automatisierungstechnik* 46 (1998), Nr. 6, S. 295–301

26. WOLTERS, K.: *Formalismen, Simulation und Potenziale eines nutzungsdaueroptimierenden Zu-verlässigkeitskonzepts*, Universität Duisburg-Essen, Diss., 2008

27. SÖFFKER, D.: Zur Online-Bestimmung von Zuverlässigkeits-und Nutzungskenngrößen innerhalb des SRCE-Konzeptes (Online-Determination of Reliability Characteristics as a Modul of the SRCE-concept). In: *at-Automatisierungstechnik* 48 (2000), Nr. 8, S. 383

Andreas Unger, Simon Althoff, Michael Brökelmann,
Matthias Hunstig und Tobias Meyer

Um eine modellbasierte Mehrzieloptimierung des Prozesses durchführen zu können, ist ein vollständiges Modell des abzubildenden Systems Voraussetzung, in diesem Fall also ein Modell des gesamten Ultraschall-Drahtbond-Prozesses. Das Gesamtsystem bzw. -modell ist aus Teilmodellen modular aufgebaut (siehe Abb. 3.1), die auch separat genutzt und validiert werden. Dabei werden die drei wichtigsten Aspekte beim Ultraschall-Drahtbonden aufgegriffen: Die Bestimmung der Kontaktdrücke zwischen Draht und Substrat, die Berücksichtigung der Prozessdynamik und die Berechnung der Reibung und Anbindung. Alle Teilmodelle tragen dazu bei, den Prozess und die entstehenden Effekte abzubilden. Zur Modellierung des Bondprozesses werden folgende Prozessparameter als Eingänge für das Modell betrachtet:

A. Unger (✉) · M. Brökelmann · M. Hunstig
Vorentwicklung, Hesse GmbH, Paderborn, Deutschland
E-Mail: andreas.unger@hesse-mechatronics.com

M. Brökelmann
E-Mail: michael.broekelmann@hesse-mechatronics.com

M. Hunstig
E-Mail: matthias.hunstig@hesse-mechatronics.com

S. Althoff
Lehrstuhl für Dynamik und Mechatronik (LDM), Universität Paderborn,
Paderborn, Deutschland
E-Mail: Simon.Althoff@weidmueller.com

T. Meyer
Bereich Anlagen- und Systemtechnik, Frauenhofer IWES, Bremerhaven, Deutschland
E-Mail: tobias.meyer@iwes.fraunhofer.de

© Springer-Verlag GmbH Deutschland, ein Teil von Springer Nature 2019
W. Sextro und M. Brökelmann (Hrsg.), *Intelligente Herstellung zuverlässiger Kupferbondverbindungen*, Intelligente Technische Systeme – Lösungen aus dem Spitzencluster it's OWL, https://doi.org/10.1007/978-3-662-55146-2_3

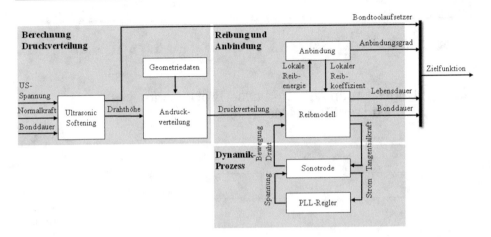

Abb. 3.1 Flussdiagramm der Prozessmodellierung des Ultraschall-Drahtbondens

- *US-Spannung:* Die Spannungsamplitude der Ultraschallanregung kann variiert werden und beeinflusst direkt die Schwingamplitude im Prozess. Eine Ultraschallendstufe stellt dafür die benötigte Spannung für den Transducer zur Verfügung, die innerhalb der Piezokeramiken in mechanische Schwingungen umgewandelt wird.
- *Normalkraft:* Wirkt während des Prozesses auf den Bonddraht von oben ein und kann über die Bonddauer variiert werden. Sie bestimmt zusammen mit der US-Spannung maßgeblich die eingebrachte Leistung im Bondkontakt.
- *Bonddauer:* Der Schweißprozess kann in verschiedene Phasen aufgeteilt werden. Für jede Phase lassen sich eine eigene Normalkraft, US-Spannung, die Dauer der jeweiligen Phase und die Länge einer Rampe einstellen. Mithilfe der Rampe kann ein sanfter Übergang zwischen den Phasen gewährleistet werden.
- *Geometriedaten:* Damit sind die geometrischen Abmessungen des Werkzeugs, Drahtes und Substrates gemeint. Diese haben einen maßgeblichen Einfluss auf die Bondqualität. Erreicht z. B. ein Werkzeug einen kritischen Verschleiß-Zustand, entstehen Bondtoolaufsetzer. Diese Aufsetzer führen zu einer ineffizienten Einleitung der Normalkraft und somit zu einer schlechten Bondverbindung.

Alle Prozessparameter des Modells sind auch als tatsächliche Prozessparameter an der Maschine zu verändern. Da das Modell einer anschließenden modellbasierten Mehrzieloptimierung dient, sind diese innerhalb des Modells zu berechnen. Als Ziele werden die Dauer des Prozesses, der Verschleiß des Werkzeugs, die Wahrscheinlichkeit für Bondtoolaufsetzer und die Scherfestigkeit der Bondverbindung definiert. Auffällig ist die starke wechselseitige Beeinflussung untereinander. Dies führt in der Praxis häufig dazu, dass Einzelwirkungen und Wechselwirkungen von Einflussfaktoren bspw. durch Versuche, wie das schrittweise Ändern der jeweiligen Faktoren nacheinander, oft nicht erkannt werden. Aus diesem Grund werden nach jeder Simulation quantitative Zielwerte mittels definierter Zielfunktionen berechnet. Die Zielwerte können als Ausgang des Modells gesehen werden und sind wie folgt definiert:

- *Bonddauer:* Die für eine gute Bondverbindung notwendige Prozesszeit wird direkt von den Eingangsparametern Normalkraft und US-Spannung beeinflusst. Eine effiziente Fertigung und hohe Durchsatzraten sind in der Produktion erwünscht. Das bedeutet, die Bonddauer soll möglichst minimiert werden.
- *Scherfestigkeit der Bondverbindung:* Die Qualität einer Bondverbindung hängt maßgeblich vom Anbindungsgrad des Kontaktes zwischen Draht und Substrat ab. Diese wird mit hohen Reibleistungen bei großen Kontaktflächen erreicht. Stabile und hohe Scherkräfte spielen eine zentrale Rolle bei der Herstellung von Bondverbindungen. Sie sollen möglichst maximiert werden.
- *Lebensdauer des Werkzeugs:* Der Verschleiß an Bondwerkzeugen stellt einen der wichtigsten Kostenaspekte im Prozess dar. Daher ist die Erhöhung der Lebensdauer der Werkzeuge in der Produktion ein priorisiertes Ziel. Die Lebensdauer kann innerhalb des Gesamtmodells geschätzt werden. Sie hängt von der eingebrachten Reibleistung im Kontakt Werkzeug/Draht ab. Je länger die Prozesszeit gewählt wird, desto mehr Abrieb am Werkzeug kann beobachtet werden. Aus diesem Grund sind kurze Prozesszeiten zu bevorzugen, wenn der Verschleiß des Werkzeugs minimiert werden soll.
- *Wahrscheinlichkeit von Bondtoolaufsetzern:* Längere Prozesszeiten und hohe eingebrachte Leistungen oder Kräfte erhöhen das Risiko eines Aufsetzens des Werkzeugs auf den Untergrund. Nach Möglichkeit sollen Bondtoolaufsetzer vermieden werden, da sie empfindliche Bondoberflächen (z. B. Chipoberflächen) zerstören können. Darüber hinaus sollten Bondtoolaufsetzer auch auf DCB-Substraten verhindert werden.

Bei der in Abschn. 5.1 vorgestellten modellbasierten Mehrzieloptimierung spricht man bei der Suche einer solchen Lösung meist von einer Kompromisslösung, d. h. es können nicht alle Ziele gleich gut erreicht werden. Der Zielerreichungsgrad einiger Ziele wird besser, der anderer Ziele schlechter sein.

3.1 Lernverfahren zur Modellierung des Ultrasonic Softening

Zur Modellierung der Erweichung des Drahtes durch Ultraschall wird im Folgenden ein Lernverfahren vorgestellt. Ziel hierbei ist es, den Zeitverlauf der Drahtdeformation für gegebene Ultraschallamplituden und Normalkraft-Trajektorien zu schätzen. Die Drahtdeformation beschreibt dabei indirekt den Ultraschall-Erweichungseffekt, da diese vom Grad der Erweichung abhängig ist. Zunehmende Ultraschallamplituden bedeuten in diesem Zusammenhang größere Verformungsgrade und folglich größere Drahtdeformationen.

Der Zusammenhang zwischen Ultraschallamplituden-, Normalkraft- und Drahthöhen-abnahme muss mangels eines physikalischen Modells durch ein datengetriebenes Lernverfahren hergestellt werden. D. h., die Modellbildung wird durch einen flexiblen, nicht-linearen Funktionsapproximator realisiert, welcher mittels Trainingsdaten an den zu modellierenden Zusammenhang adaptiert wird. Das gelernte Modell muss für Variationen dieser Eingangsgrößen auf entsprechende Drahtdeformationen generalisieren.

Die Eingänge des Teilmodells sind die Bonddauer des Prozesses, die eingesetzte elektrische Spannung des Ultraschalls U_S und die Normalkraft F_N, die auf den Kupferdraht wirkt. Der Ausgang des Teilmodells ist die Deformation des Drahtes. Dieser Wert ist gleichzusetzen mit einer vertikalen Verschiebung des Bondwerkzeugs in radialer Richtung des Drahtes und entspricht beim Bonden auf einem Chip im Wesentlichen der Verformung des Drahtes, da die Chips aufgrund ihrer hohen Steifigkeiten nahezu keine Verformungen aufweisen. Weil die Zeitverläufe der Eingangsgrößen von Ultraschallspannung und Normalkraft bekannt sind, können diese niedrigdimensional repräsentiert werden, d. h. durch ein Skalar ersetzt werden. Ein geeignetes Modell muss in der Lage sein, einen Deformationsverlauf für unbekannte Prozessparameterkonfigurationen präzise vorherzusagen. *Unbekannt* bedeutet hier, dass diese speziellen Datenpunkte vorher nicht gelernt werden. Diese nützliche Eigenschaft des *Lerners* bezeichnet man als *Generalisierungsfähigkeit*. Zudem ist es wichtig, dass das Teilmodell effizient zu simulieren ist, da es später mehrfach zur Mehrzieloptimierung des eigentlichen Bondprozesses eingesetzt werden soll. Das Training kann offline ausgeführt werden und ist unabhängig von der Evaluation.

Im Folgenden wird der Einfluss des Ultraschalls auf die Drahtfestigkeit veranschaulicht. Dazu werden mithilfe der Bondmaschine 500 µm dicke Bonddrähte aus Kupfer unter Ultraschall verformt und die Drahthöhenabnahmen mittels des integrierten Wegmesssystems der Bondmaschine gemessen. Die Drähte werden dabei mit einer linear ansteigenden Kraft von 100 cN bis 2800 cN innerhalb von 1200 ms deformiert und der Ultraschall innerhalb einer Phase kurzfristig eingeschaltet. Die in Abb. 3.2 gezeigte Linie „0 V" ist eine typische Kraft-Dehnungs-Kurve für einen radial deformierten Draht ohne Umformung durch Ultraschall. Der Verlauf der Verformung ist aufgrund der Geometrie näherungsweise linear. Die gleichen Kupferdrähte werden ebenfalls deformiert, wobei nun zusätzlich der Ultraschall zwischen 1400 cN und 2100 cN auf dem jeweilige Niveau eingeschaltet wird (siehe Linien 10 V, 20 V und 30 V). Es ist zu erkennen, dass die Drähte mit zunehmender Ultraschallspannung stärker deformieren und anschließend härter d. h. steifer erscheinen. Durch die absorbierte Ultraschallenergie wird die Aktivierungsenergie reduziert, sodass unter Ultraschalleinwirkung niedrigere Spannungen bzw. Normalkräfte zur Versetzungsbewegung und plastischen Verformung notwendig sind. Gleichzeitig werden neue Versetzungen gebildet, sodass die Versetzungsdichte stetig zunimmt. Sobald der Ultraschall ausgeschaltet wird, müssen höhere äußere Spannungen wirken, um die vielen Versetzungen zu bewegen. Der Draht ist somit im Anschluss härter und schwerer plastisch verformbar. Dieser Effekt ist in der Fachwelt auch als *Hardening Effekt* bekannt [1]. Um das gezeigte nichtlineare Verformungsverhalten

Abb. 3.2 Experiment zur Darstellung des Ultrasonic Softening

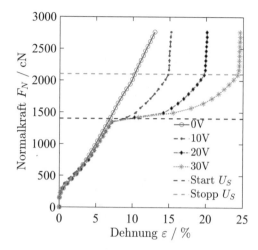

unter Ultraschall abzubilden, wird ein datengetriebenes Lernverfahren eingesetzt. Zudem wird das Lernverfahren durch den Einsatz von Vorwissen über den Prozess ergänzt.

Das Lernverfahren und Teilergebnisse in diesem Kapitel sind am Forschungsinstitut für Kognition und Robotik in Bielefeld entstanden und in den Publikationen von Unger et al. [2] und Neumann [3] beschrieben. Die Abb. 3.3 zeigt die mit den zuvor beschriebenen Ergebnissen korrespondierenden Schätzungen der gelernten Modelle für die Drahtdeformation. Jede der Zellen entspricht einem bestimmten Satz von Prozessparametern der Bondmaschine, welche durch die umgebenden Achsen angezeigt werden. Für die gelernten Modelle wird jeweils der Generalisierungsfall angezeigt, bei dem von der Komplementärmenge gelernt wurde. Es sind in allen Zellen die Kurven dargestellt, welche nur auf den restlichen 24 Prozesskonfigurationen von Ultraschallspannung (horizontale Achse) und Normalkraft (vertikale Achse) trainiert wurden. Die aufgezeichnete Drahtdeformationskurve wird gegen die Zeit aufgetragen (durchgezogene schwarze Linie). Die Standardabweichung über die 20 Versuche wird durch die grau unterlegte Fläche abgebildet. Die Generalisierung der Netze mit (CELM) und ohne Vorwissen (ELM) werden jeweils mit durchgezogen-schwarzen und gestrichelt-schwarzen Linien dargestellt. Aufgrund der zugrunde liegenden starken Nichtlinearität der Daten wird ein Modell mit hoher Komplexität benötigt. Es ist zu beachten, dass solche Modelle zu *Overfitting* neigen, ganz besonders, wenn nur wenige Daten wie im angegebenen Fall vorliegen. Die Abbildungen zeigen offensichtlich, dass die Lern- und Generalisierungsergebnisse am Rand weniger genau sind als im Inneren der Daten (siehe Ecken und Kanten von Abb. 3.3). Solche Effekte sind jedoch zu erwarten, da eine Extrapolation der Trainingsdaten zu diesen Prozesskonfigurationen nötig ist. Abb. 3.3 zeigt auch, dass die Integration von Vorwissen über den Prozess zu deutlich besserer Generalisierung führt. Die gelernten Modelle mit Vorwissen verbleiben fast immer innerhalb der Standardabweichungen der Daten. Es lassen sich also auch in diesen Fällen mit wenigen Daten hinreichend genaue Ergebnisse erzielen.

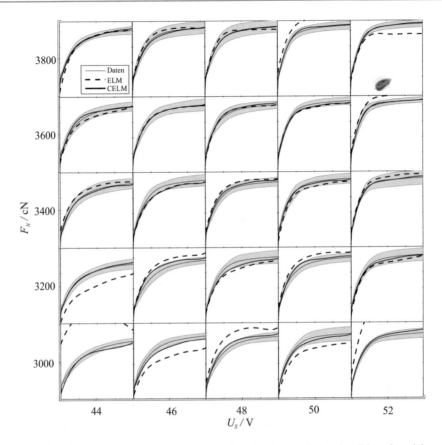

Abb. 3.3 Visualisierung der Kreuzvalidierungsresultate für das Kupferbonden. Die aufgezeichneten Daten sind in grau dargestellt. Die Generalisierung ist als gestrichelte (ELM) und durchgezogene Linie (CELM) dargestellt. Die Verwendung von Vorwissen führt zu signifikant besseren Lernergebnissen [2]

3.2   Modellierung statischer Drahtdeformationen

Der Zweck der Modellierung der statischen Deformation des Drahtes ist die Ermittlung der ortsaufgelösten Normaldrücken innerhalb der Kontaktfläche zwischen Draht und Substrat. Diese Druckverteilung wird mithilfe numerischer FE-Simulationen anhand statischer Berechnung bestimmt. Bei dem Ultraschall-Bondprozess drückt das Bondwerkzeug mit einer definierten Touchdownkraft auf einen Draht und deformiert ihn. Gleichzeitig entstehen dabei die bondzeitvariablen Kontaktflächen im Interface Draht/Substrat. Die resultierenden Kontaktflächen und Normalkräfte sind ausschlaggebend für das Reibverhalten während des Bondvorgangs. Wichtig ist hierbei, dass die Kontaktflächen nicht konstant sind, sondern sich während des Bondvorgangs aufgrund der plastischen Verformung stark vergrößern.

Diese Zunahme der Kontaktflächen muss somit auch im Modell abgebildet werden, um den Prozess korrekt über die Bonddauer nachzubilden. Neben dem quasi-statischen Materialverhalten während der Vorverformung spielen auch dynamischen Effekte durch den Aufsetzimpuls eine Rolle. Im realen Bondprozess trifft das Bondwerkzeug mit dem darunter liegenden Draht mit einer definierten Geschwindigkeit auf das Substrat. Dieser Touchdown wird von der Maschine registriert, woraufhin die Bewegung abgebremst und schließlich die eingestellte stationäre Kraft erreicht wird. Zwischenzeitlich liegt jedoch aufgrund der hohen Verfahrgeschwindigkeit beim Aufsetzen eine höhere Kraft vor. Untersuchungen haben gezeigt, dass diese dynamische Kraft bei maximaler Geschwindigkeit über dem zulässigen Nennwert liegen kann [4]. Außerdem wurde festgestellt, dass dieser Effekt bei größeren Aufsetzkräften aufgrund der höheren Dämpfung durch die plastische Verformung des Drahtes geringer ist als bei geringen Aufsetzkräften. Im weiteren Verlauf werden geringe Aufsetzgeschwindigkeiten gewählt, sodass der Impuls beim Aufsetzen vernachlässigt werden kann. Das Aufsetzen des Drahtes auf die Bondkontaktfläche hat einen Einfluss auf dessen lokale Materialeigenschaften. Das bedeutet, dass sich das Material der Verbindungspartner aufgrund der Vordeformation verfestigt. Bei einer typischen Vordeformationskraft von ca. 1500 cN liegt laut Eacock [5] die Erhöhung der Mikrohärte im Interface bei ca. 15 % Die Messung der Härte wurde unmittelbar vor und nach dem Touchdown im Substrat und Draht mittels Härteprüfung nach VICKERS (DIN 50133) bestimmt. Ein weiteres bedeutendes Ergebnis ist, dass die Geometrie des Werkzeugs zu einer deutlich stärkeren Verformungen auf der Oberseite des Drahtes führt als im Kontaktbereich zwischen Draht und Substrat. Der längliche Kontaktbereich zwischen Draht und Substrat weist eine relativ große Kontaktfläche auf, da das Substrat verglichen mit dem Draht deutlich weicher ist und der Draht sich somit in das Substrat eindrückt. Diese unterschiedlichen Andruckverteilungen wirken sich direkt auf die Reibkontaktmodellierung in Abschn. 3.3 aus. Außerdem wird hier ein wesentlicher Unterschied zum Aluminium-Bonden deutlich, bei dem der Aluminiumdraht mit ca. 50 % der Härte des Kupferdrahts auf das Kupfer des DCB-Substrats trifft. Diese zuvor beschriebenen Erkenntnisse konnten anhand von parallel aus den Proben erstellten Schliffbildern und durch Mikro-Härtemessungen weiter untermauert und bestätigt werden [5]. Auch der in den experimentellen Untersuchungen festgestellte Unterschied zwischen dem Source- und dem Destination-Bond (1. und 2. Schweißstelle einer Drahtbrücke) kann durch die unterschiedliche Lage des Drahtes im Bondwerkzeug und die damit einhergehende veränderte Druckverteilung zumindest im Ansatz erklärt werden. In diesem Teilmodell wird ein besonderes Augenmerk auf eine möglichst exakte Modellierung und die Ermittlung der relevanten Kenngröße für die Reibmodellierung gelegt. So wurden die aus Zugversuchen ermittelten Spannungs-Dehnungskurven einschließlich elastischem und plastischem Materialverhalten, ausgewertet bzw. direkt in ein FE-Modell implementiert. Somit ist eine hinreichende Genauigkeit des Materialverhaltens gewährleistet. Eine Implementierung der Materialparametereigenschaften unter Ultraschall erfolgt jedoch hierbei nicht. Dies liegt in der Tatsache begründet, dass kein Wissen über die exakten Materialparameter unter Ultraschall existiert. Es ist lediglich möglich, anhand von Beobachtungen und Messungen die Materialparameter abzuschätzen (siehe Abschn. 3.1). Informationen über das Verhalten des Kupferdrahtes unter Ultraschalleinfluss bei einem standardisierten Zugversuch fehlen jedoch.

Die Abb. 3.4a zeigt die Geometrie des Bondwerkzeugs, Drahtes und Substrates. Aufgrund der Geometrie von Draht, Werkzeug und Untergrund kann ein Halbmodell genutzt werden. Die Symmetrieebene liegt hierbei in der vertikalen Mittelebene des Bondwerkzeugs. Außerdem werden als Einspannbedingung alle Freiheitsgrade der Knoten an der Unterseite des Substrats gesperrt, um eine Verformung und Bewegung dieser Fläche zu verhindern. Für das System sind Kontaktbereiche für die Kontakte Draht/Substrat und Werkzeug/Draht berücksichtigt. Diese Kontakte haben die Aufgabe, sicherzustellen, dass gegenüberliegende Flächen sich nicht durchdringen und Kräfte zwischen den Komponenten wirken. Bei Spannungskonzentrationen im Modell ist die hinreichend genaue Abbildung einer abgeleiteten Ergebnisgröße wie z. B. einer Normalspannung nur möglich, wenn das Netz hinreichend fein ist. Aus diesem Grund besitzt das Modell eine lokale Netzverdichtung auf der Oberfläche des Drahtes, Substrates und der potenziellen Kontaktfläche des Werkzeugs.

Die Deformation des Drahtes entsteht im Modell durch eine vertikale Verschiebung des Werkzeugs in Drahtrichtung. Abb. 3.4b zeigt die Messung einer typischen vertikalen Verschiebung des Bondwerkzeugs in Abhängigkeit der Zeit bei aktivem Ultraschall. In dieser Höhenabnahme ist auch die Deformation des Substrates enthalten. Bei Bondvorgängen auf harten Materialien, wie einer Kupferplatte oder Halbleiters entspricht dieser Wert nahezu der Drahthöhenreduktion. Beim Kontaktieren von weichen Untergrundmaterialien, wie dem Kupfer eines DCB-Substrates, ist ein Teil der Höhenabnahme auch dem Einsinken des härteren Drahtes in das Substrat zuzuschreiben. Die initiale Verformung des Drahtes wird über die eingeprägte Touchdownkraft berechnet. Anschließend können die gemessenen bzw. simulierten Vertikalverschiebungen als Basis für eine Interpolation der Normalkraftverteilung genutzt werden.

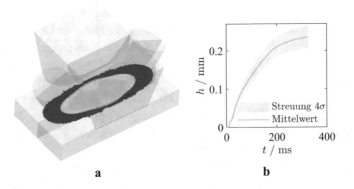

a   b

Abb. 3.4 Dreidimensionales Bondystem (**a**) und Messung der Drahtdeformation h (absolute Höhenabnahme des Drahtes) mit Streuung σ in Abhängigkeit von Zeit und aktiviertem Ultraschall (**b**)

Abb. 3.5 Mittlere Kontaktflächen A bei einer Variation der maximalen Touchdownkräfte F_{TD} für eine Reihe von sieben Messungen und einem Vergleich mit den berechneten Verläufen. Die Oberseite entspricht dem Kontakt zwischen Bondwerkzeug und Draht, die Unterseite entspricht dem Kontakt Draht und Substrat

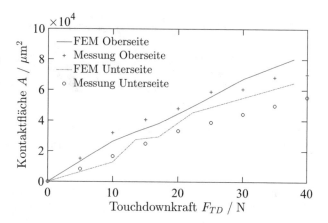

Um das vorgestelle Finite-Elemente-Modell zu validieren, werden Messungen der deformierten Oberflächen auf der Ober- und Unterseite des Drahtes durchgeführt. Hierbei wird die Touchdownkraft F_{TD} an der Bondmaschine schrittweise bis zum Maximalwert von 40 N erhöht und die plastischen Abdrücke an Draht und Substrat mittels einer halbautomatisierten Messung an einem digitalen 3D-Mikroskop vermessen. Diese Flächen werden dann mit den zugehörigen Simulationsergebnissen des FE-Modells verglichen.

Der Umformgrad ist im Vergleich zu Bondverbindungen aus Aluminium gering. Dies kann durch die höhere Festigkeit des Kupfers erklärt werden. Die Eindringtiefe des Drahtes in das Substrat ist bis zu einer Touchdownkraft von 20 N gering. Die maximale Abweichung zwischen der FE-Simulation und der gemessenen Kontaktfläche an einer Wedge-Flanke tritt bei der maximalen Touchdownkraft von 40 N auf und beträgt ca. 15 % (siehe Abb. 3.5). Bei geringeren Touchdownkräften ist die Übereinstimmung deutlich höher. Kupferdrähte mit dem Durchmesser von 500 μm werden i. d. R. mit einer Touchdownkraft von 15 bis 25 N vordeformiert. Somit wird das FE-Modell hinsichtlich größerer Touchdownkräfte nicht weiter optimiert.

Innerhalb des Projektes werden neben den unverschlissenen Bondwerkzeugen auch verschlissene Werkzeuggeometrien berücksichtigt. Die Abb. 3.6a zeigt ein typisches Kupferdraht-Bondwerkzeug aus Hartmetall (Wolframcarbid) mit Cermet-Spitze und einem Verschleißzustand von 16.000 Einzelbonds. Materialien aus Cermet basieren im Wesentlichen auf einem Verbund von Titancarbiden und sind somit besonders verschleißfest. Allerdings reagieren diese Werkzeuge beim Kupferdrahtbonden trotz alledem auf die zyklische Belastung an den Wedgeflanken mit Verschleiß. Einen ausführlichen Überblick bezüglich der wirkenden Verschleißmechanismen beim Kupferdrahtbonden geben Eichwald et al. [6, 7]. Dort wird ebenfalls ein Verfahren vorgestellt, mit dem eine numerische Erfassung der Oberfläche einer Wedge-Flanke des Bondwerkzeugs möglich ist. Durch Abtasten mit einem lasergestützten 3D-Scanner kann eine Menge diskreter Punkte (3.6b) der gescannten Oberfläche als Basis für die Flächenrückführung ermittelt

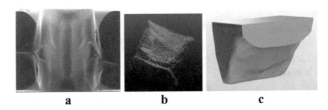

Abb. 3.6 Verschlissenes Bondwerkzeug nach 16.000 Einzelbonds (**a**) und daraus abgeleitete Punktwolke (**b**), sowie zurückgeführtes CAD-Modell aus Punktwolke (**c**)

werden. In einem *Reverse Prozess* wird dann die erzeugte Punktwolke in ein CAD-
Modell (3.6c) überführt und kann innerhalb der FE-Umgebung weiter genutzt werden.
So lassen sich in Abhängigkeit der Aufsetzkraft und der vertikalen Verschiebung des
Werkzeugs, die Verformung bzw. der lokalen Umformgrad des Drahtes, die Größe und
Form der Kontaktflächen sowie die dort wirkenden mechanischen Spannungen berechnen.
Abb. 3.7 zeigt die chronologische Kontaktflächenentwicklung eines repräsentativen
Bondvorgangs. Das Werkzeug wird dafür in n Schritten von $t_k = t_1 \dots t_n$ um die Höhe
$h_{FEM}(t_k)$ vertikal verschoben, um die notwendigen Normalspannungen $\sigma_{FEM}(h)$ und Re-
aktionskräfte $F_{FEM}(h)$ aus der FE-Berechnung zu erhalten. Beide Ergebnisgrößen sind
stark abhängig von den nicht messbaren Materialeigenschaften unter Ultraschallwirkung.
Da die Erweichung des Materials in der FE-Simulation nicht berücksichtigt ist, müssen die
resultierenden Normalspannungen nachträglich berechnet werden:

$$\sigma_N(t_k) = \frac{\sigma_{FEM}(h)}{F_{FEM}(h)} F_N(t_k). \tag{3.1}$$

Dabei beschreibt $\sigma_N(t_k)$ die *tatsächliche* Spannung im Interface Draht/Substrat und $F_N(t_k)$
die bekannte Prozesskraft. Die resultierenden Normalspannungen und Kontaktflächen
zwischen Werkzeug und Draht hängen darüber hinaus von der Geometrie des Werkzeugs
ab. Zu den Funktionen eines Bondwerkzeugs zählen die Zentrierung des Drahtes sowie die
effektive Einbringung von Normal- und Tangentialkräften während des Bondvorgangs. Die
Haftkraft im Kontakt Werkzeug/Draht soll nach Möglichkeit nicht überschritten werden,
um den Verschleiß zu minimieren.

Mit zunehmender Verschiebung h des Werkzeugs in vertikaler Richtung vergrößert sich
die Andruckfläche zwischen Draht und Substrat (siehe Abb. 3.7). Zudem vergrößern sich die
initialen Normalspannungen und Kontaktflächen, je höher die Touchdownkraft F_{TD} gewählt
wird. Für geringe Touchdownkräfte ist eine deutliche Asymmetrie der Spannungsverteilung
bezüglich der x-Achse (die x-Achse entspricht der Bondrichtung) zu erkennen. Da sich
die Geometrien von Source- und Destinationverbindungen diesbezüglich unterscheiden,
werden innerhalb dieser Arbeit beide Varianten modelliert. Aufgrund der Werkzeuggeo-
metrie wandern bei beiden Varianten die höchsten Normalspannungen mit Zunahme der
vertikalen Verschiebung vom Mittelpunkt des Kontaktes hin zu den Randgebieten. Diese

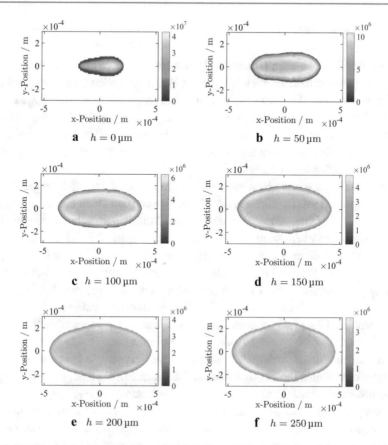

Abb. 3.7 Verteilung der Normalspannungen im Kontakt Draht/Substrat in Pa für Destination-Bondverbindungen bei variierten Drahthöhen h und konst. Touchdownkräften $F_{TD} = 500\,\text{cN}$ (FE-Berechnungen)

Spannungsüberhöhungen in den äußeren Bereichen des Spannungsfeldes deuten darauf hin, dass dort besonders hohe Reibleistungen pro Fläche erzielt werden können. Dies wird außerdem durch die Tatsache gestützt, dass beim Ultraschall-Drahtbonden häufig Bondringe entstehen, d. h. Verschweißungen am Randbereich vermehrt auftreten [8]. Die in diesem Kapitel berechneten Normalspannungsverteilungen werden für die Modellierung der Reibung und Anbindung zwischen Draht und Substrat von ANSYS® nach MATLAB® exportiert. Der Export erfolgt für vertikal zunehmende Verschiebungen eines verschlissenen und unverschlissenen Werkzeugs und erlaubt eine Interpolation zwischen den einzelnen Normalspannungsverteilungen. Source- und Destinationverbindungen werden unabhängig voneinander simuliert und bereitgestellt.

3.3   Reibkontaktmodellierung

Die Qualitätsvorhersage beim Ultraschall-Drahtbonden ist eine herausfordernde Aufgabe, da das Anbindungsverhalten beim Kaltschweißen kaum einfachen Gesetzmäßigkeiten folgt. Der Einfluss zwischen den Prozessgrößen, wie Bondprozessdauer, Touchdownkraft sowie den häufig bondzeitvarianten Größen wie der elektrische Ultraschallleistung und der Normalkraft, ist schwierig zu quantifizieren. So führen unterschiedliche Prozessgrößeneinstellungen zu sehr unterschiedlichen Verschweißbildern in der Kontaktfläche und so zu sehr unterschiedlichen Scherfestigkeiten.

Der hier verfolgte Ansatz baut auf dem Prinzip der Kontaktermüdung auf. Die Ultraschallschwingungen werden über das Bondwerkzeug und den Draht bis in die Kontaktzone hinein induziert. Auf diese Weise werden die Kontaktflächen zwischen Draht und Substrat von störenden Oberflächenschichten wie Kontaminationen und Oxidschichten befreit. Diese Schichten müssen entfernt werden, bevor kohäsive Kräfte entstehen können.

Beim Ultraschall-Wedge/Wedge-Drahtbonden herrscht im Kontakt zwischen Draht und Substrat über die gesamte Dauer des Bondprozesses eine inhomogene Verteilung des Normaldrucks, welche durch die Draht- und Substrateigenschaften und die Bondtoolgeometrie bestimmt werden. Diese Inhomogenität führt dazu, dass das Verschweißen der Bondfläche sich i. d. R. ebenfalls inhomogen darstellt. Da die Kohäsionsausbildung zwischen den zu fügenden Bauteilen über die verrichtete Reibarbeit modelliert wird, ist neben der inhomogenen Kontaktdruckverteilung, die zuvor in Abschn. 3.2 beschrieben wurde, auch die eingeleitete Auslenkungsamplitude des Drahtes ein maßgeblicher Parameter, welcher über die Dynamikmodellierung innerhalb des Gesamtmodells ermittelt wird. Eine generalisierte Betrachtung der Reibarbeit über die gesamte Kontaktfläche zwischen Draht und Substrat, bei der die Kontaktfläche als ein einziger Reibkontakt angenommen wird, kann die Bondqualität nur unzureichend abbilden. Besonders an dieser hier beschriebenen Simulation ist zum einen die ortsaufgelöste Beschreibung des Entstehens von Mikroverschweißungen und zum anderen der Umstand, dass die Verortung der Anbindungen in der Kontaktfläche Auswirkungen auf den fortlaufenden Bondvorgang für die unmittelbare Umgebung der Mikroverschweißung haben. Um dies zu ermöglichen, wird die Kontaktfläche und deren Umgebung nach Althoff et al. [9] in eine Vielzahl von Teilflächen diskretisiert, die miteinander verbunden sind. Diese Teilflächen werden in gekoppelte Punktkontaktelemente umgewandelt. Durch die Berücksichtigung der inhomogenen Verteilung des Normaldrucks in dem Reibmodell können Effekte wie Mikroschlupf abgebildet werden. Dies bedeutet, dass Teilflächen im Kontakt aufgrund einer geringeren Normalkraft zu gleiten beginnen während Teilflächen mit höheren Normalkräften noch haften. Diese sich ergebende zeitvariante Reibcharakteristik wird im Folgenden genutzt, um die Anbindung des Drahtes an den Untergrund zu beschreiben.

Für die Initialisierung der Reibkontaktmodellierung wird eine Fläche, die deutlich größer ist als die initiale Kontaktfläche zwischen Draht und Substrat, in gleich große Teilflächen unterteilt. Abb. 3.8 zeigt eine solche Fläche. Nur Teilflächen, die einen Normaldruck größer

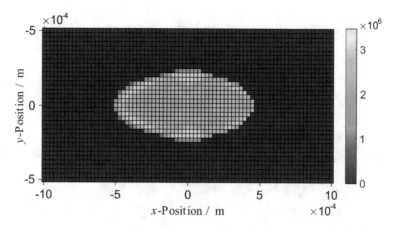

Abb. 3.8 Diskretisierte Verteilung der Normalspannung in Pa mit geeignetem Diskretisierungsgrad

Null erfahren, erzeugen einen Beitrag zur globalen Tangentialkraft F_T in dem Reibkontakt-modell. Dies bedeutet, dass jeder Teilfläche und damit jedem Punktkontakt eine orts- und zeitabhängige Normalkraft $F_{N,ij}(x, y, t)$ zugeordnet wird. Diese ergibt sich aus der eben-falls orts- und zeitabhängigen Normaldruckverteilung $p_{N,ij}(x, y, t)$ (siehe Abb. 3.7). Somit ergibt sich in Abhängigkeit der Diskretisierung der Teilflächen mit der sich ergebenden Teilflächengröße ΔA die Normalkraft für die Parametrisierung eines Reibelementes:

$$F_{N,ij}(x, y, t) = p_{N,ij}(x, y, t)\Delta A. \tag{3.2}$$

Jedem Punktkontakt, der die Reibcharakteristik einer Teilfläche generalisiert, wird somit eine Normalkraft zugeordnet. Abb. 3.9 zeigt die gekoppelten Punktkontaktelemente nach Althoff et al. [9]. Mittig dargestellt in jeder Teilfläche ist ein Punktkontaktelement, welches mit der Normalkraft $F_{N,ij}$ beaufschlagt wird. Diese Normalkraft wird für jede Neube-rechnung der Hysterese aktualisiert und aus den exportierten FE-Normaldruckverteilungen, die für bestimmte Drahthöhenabnahmen vorliegen, interpoliert. Dies ist nötig, da sich die Andrücke jeder Teilfläche und damit die Normalkräfte während des Bondvorgangs stetig und teilweise rapide ändern können. Zudem kommen durch die starke Verformung des Drahtes Teilflächen in Kontakt, die zuvor keinen Normaldruck erfahren haben. Alle masse-losen Punktkontaktelemente sind mittels Federn an eine zu definierende Auslenkung u_{ij} gekoppelt. Diese Federn repräsentieren die Steifigkeit k_{shear} des Drahtes in Scherrichtung. Diese Steifigkeit hängt maßgeblich von den Materialeigenschaften des Kupferdrahtes sowie der Drahthöhe ab. Mit einer Zunahme der Drahthöhenabnahme wird die Schubsteifigkeit des Drahtes erhöht. Die *Kontaktsteifigkeit* k_{cont} entspricht der Steifigkeit aus den Rauigkei-ten beider Oberflächen in Scherrichtung. Diese Steifigkeit muss für jede Kontaktpaarung in Experimenten ermittelt werden. Eine ausführliche Beschreibung der dafür notwendigen Experimente sind in [10] vorgestellt.

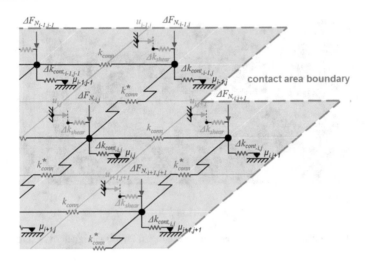

Abb. 3.9 Reibmodell bestehend aus gekoppelten Punktkontaktelementen in einem elastischen Kontakt zwischen Draht und Substrat [8]

Zusätzlich sind alle Punktkontakte miteinander durch eine *Koppelsteifigkeit* k_{conn} verbunden, sodass die Bewegungen benachbarter Kontakte miteinander gekoppelt sind. Dies simuliert das tatsächliche Verhalten eines Körpers, bei dem sich Teilflächen der Oberfläche nicht rückwirkungsfrei verformen können. Die Koppelsteifigkeit hängt vom jeweiligen Diskretisierungsgrad und den Materialeigenschaften ab. Eine Änderung des Diskretisierungsgrades bedarf somit einer Anpassung der Koppelsteifigkeit, sodass das Materialverhalten weiterhin korrekt abgebildet wird. Die erzeugte Tangentialkraft eines Elementes wird über eine nichtlinearen Federkennlinie ermittelt:

$$F_{T,ij}(u) = \mu_{ij} F_{N,ij}(1 - e^{-b(x_{ij})}). \tag{3.3}$$

Die Bewegungskoordinate der Punktkontaktelemente ist mit x bezeichnet. Die Auslenkung eines Punktkontaktelements ergibt sich somit aus der Differenz zwischen den Koordinaten u_{ij} und x_{ij}. Die Kraft-Weg-Kennlinie beschreibt den Übergang zwischen Haften und Gleiten ohne Umschalten und vermeidet so Unstetigkeiten in der Funktion. Eine Anpassung der nicht-linearen Funktion erfolgt über den Parametrisierungsfaktor b, der experimentell aus der gemessenen Kontaktsteifigkeit direkt ermittelt wird. Der dafür notwendige Reibkoeffizient μ_{ij} hängt vom Reinigungsgrad des jeweiligen Elements ab, der Reinigungsgrad wiederum von der geleisteten Reibarbeit $W_{R,ij}$ des jeweiligen Elementes. Ist ein Element vollständig gereinigt, bilden die Kontaktpartner an dieser Stelle stärkere atomare Bindungen aus und die Haftkraft an dieser Teilfläche nimmt zu. Somit ist dieses Punktkontaktelement schwieriger auszulenken als ein Element, welches weniger Reibarbeit erfahren hat und weniger gereinigt ist. Detaillierte Information über den Reinigungs- und Anbindungsvorgang sind in Abschn. 3.4 aufgeführt. Die globale Reibarbeit $W_{R,g}$ ergibt sich aus den einzelnen Punktkontakten:

$$W_{R,g} = \sum_{i=1}^{n_i} \sum_{j=1}^{n_j} W_{R,ij}. \tag{3.4}$$

Die einzelnen Reibenergien werden durch die entstehende Reibhysterese über einer Schwingungsdauer T bestimmt in der Form:

$$W_{R,ij} = \int_{x=x_0}^{x_T} F_{T,ij} d(\bar{u}_{ij} - \bar{x}_{ij}), \tag{3.5}$$

wobei $\bar{x}$ die aufgeprägte Verschiebung aller Teilflächen während einer Schwingperiode darstellt. Die Matrix mit den einzelnen Tangentialkräften wird bestimmt in der Form:

$$\boldsymbol{F}_T = \boldsymbol{C}_{k,k}(\boldsymbol{u} - \boldsymbol{x}) - \boldsymbol{C}_{k,nk}\boldsymbol{C}_{nk,nk}^{-1}\boldsymbol{C}_{nk,k}(\boldsymbol{u} - \boldsymbol{x}). \tag{3.6}$$

Die Steifigkeitsmatrizen $C_{k,k}$, $C_{nk,nk}$ und $C_{nk,k}$ ergeben sich aus den beschriebenen Koppel- und Kontaktsteifigkeiten, wobei der Index k die Elemente in der Kontaktfläche der Bondverbindung beschreibt und nk die Elemente im restlichen Substrat (nicht im Kontakt), welche durch die einwirkende Tangentialkraft im Interface durch die Kopplung der Elemente untereinander ebenfalls eine Verformung erfahren. Mithilfe der Eingangskoordinaten der Auslenkung $\boldsymbol{u} - \boldsymbol{x}$ können nun die gesamten als auch die teilflächenbezogenen Reibenergien und die Anpassung des Reibkoeffizienten μ_{ij} durchgeführt werden. Die Erhöhung der teilflächenspezifischen Reibwerte μ_{ij} bildet die Anbindung ab (siehe Abschn. 3.4) und ist eine Funktion in Abhängigkeit der Reibarbeit:

$$\mu_{ij} = \mathrm{f}(W_{R,ij}). \tag{3.7}$$

Das vorgestellte gekoppelte Reibmodell kann nicht für alle tatsächlich durchgeführten Schwingzyklen berechnet werden. Dies würde bei einer Bondfrequenz von ca. 60 kHz und einer Bonddauer von 300 ms pro Verbindung 18.000 Schwingzyklen ergeben. Werden zur genauen Abbildung einer Reibhysterese hinreichend viele Auslenkungszeitpunkte als Kenngröße festgelegt, so müssen bereits für eine Schwingung sehr viele Gleichgewichtslagen berechnet werden. Zudem ist der mathematisch-numerische Aufwand zur Lösung des statischen Gleichgewichtes aus Gl. 3.6 stark vom Grad der Diskretisierung der Kontaktfläche abhängig. Würden für diese beiden Parameter hohe Werte gewählt und alle Schwingzyklen berechnet werden, so würde dies einen enormen Berechnungsaufwand nach sich ziehen. Zur Reduktion der Rechenzeit stehen mehrere Möglichkeiten zur Verfügung:

- Reduzierung der Anzahl der Teilflächen in der Kontaktfläche (Diskretisierungsgrad)
- Reduktion der Gleichgewichtslagen pro Hysterese
- Einführung quasi-stationärer Reibzustände für eine gewisse Bonddauer

Alle drei Ansätze führen zu einem Genauigkeitsverlust des Modells. Hierbei ist jedoch zu berücksichtigen, dass das Modell die komplexen Einflussfaktoren und die Vielzahl an wirkenden Effekten ohnehin nur vereinfacht abbildet. In dieser Arbeit wird die Annahme der quasi-stationären Reibzustände umgesetzt, da hier das größte Einsparpotenzial möglich ist, ohne die Qualität der Berechnung signifikant zu beeinflussen. Quasi-stationäre Reibzustände bedeuten, dass über eine definierte Anzahl an Schwingzyklen die Randbedingungen wie Kontaktfläche, Andruckverteilung, Reibkoeffizienten und Auslenkung als konstant angenommen werden. Hierfür wird nur eine Hysterese mittels des vorgestellten Punktkontaktmodells berechnet. Somit kann die verrichtete Reibarbeit anhand der als konstant angenommenen Schwingzyklen hochskaliert werden. Hinreichend gute Ergebnisse können so bereits ab ca. 50 Hystereseberechnungen pro Bondvorgang erzielt werden. Dies entspricht einer Berechnungsdauerminderung der ortsaufgelösten Berechnung um den Faktor von ca. 200–400, abhängig von der Bonddauer. Das gekoppelte Punktkontakt-Reibmodell wird nur ausgeführt, wenn sich die Kraft- und/oder Weg-Amplitude um ein gewisses Maß geändert haben oder die Drahtdeformation sich über einen zuvor definierten Betrag Δh geändert hat. Auch gibt es eine maximale Anzahl an als konstant angenommenen Zyklen. Dies erzwingt eine Aktualisierung der Reibkoeffizienten in Bezug auf die teilflächenspezifische geleistete Reibarbeit $W_{R,ij}$ (siehe Abschn. 3.4). Muss das ortsaufgelöste Reibmodell nicht aktualisiert werden, so wird im Gesamtmodell ein vereinfachtes Reibmodell nach MARSING genutzt, dass das makroskopische Kraft-Weg-Verhalten vereinfacht, aber dennoch hinreichend genau darstellt und alle 18.000 Schwingzyklen simuliert. Dies ist notwendig, um beispielsweise die Resonanzregelung (PLL) in einem eingeschwungenen Zustand zu halten und auch die Rückwirkungen des Schwingsystems auf den Bondvorgang zu jedem Zeitpunkt zu kennen. Das MASING-Modell besteht aus einem JENKIN-Element und einer parallel geschalteten Feder mit der Federsteifigkeit c_B (siehe Abb. 3.10). Das JENKIN-Element wird auch als Elasto-Gleit- oder PRANDTL-Element bezeichnet. Es besteht aus einer Reihenschaltung einer Feder c_J und eines COULOMB-Elements mit einer Haftkraft H_0. In Abb. 3.11 ist der Verlauf einer typischen Hysterese eines COULOMB-Elements dargestellt. Dieses Element führt zu einer rechteckigen Hysterese. Es können entweder Haften oder komplettes Gleiten zwischen den Körper abgebildet werden. Dieses Verhalten wird als *Makroschlupf* bezeichnet. Die Kraft-Verformungs-Charakteristik des JENKIN-Elements ist ebenfalls in Abb. 3.11 rot gestrichelt eingezeichnet. Eine genauere Beschreibung der Approximation in ein prozessgeneralisierendes Reibelement ist in [12] zu finden.

Abb. 3.10 MASING-Modell, bestehend aus Jenkin-Element und paralleler Feder [11]

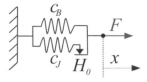

Bei Erstbelastung wird in dem stark vereinfachten Modell zunächst die Feder gedehnt, bis bei Erreichen der maximalen Haftkraft H_0 das COULOMB-Element zu gleiten beginnt. Ändert die Auslenkungsgeschwindigkeit ihr Vorzeichen, wird die Gleitphase beendet und das Federelement wieder entlastet. Die nächste Gleitphase beginnt, wenn $|F_T| \geq H_0$ erreicht wird. Bei harmonischer Verformung des Elements bildet sich eine geschlossene Hysteresekurve. Das MASING-Modell ist als Erweiterung des JENKIN-Elements zu sehen. Es ist ein eindimensionales Hysterese-Modell und eignet sich zur Modellierung von Mikroschlupf oder elasto-plastischen Vorgängen. Hat das MASING-Modell eine endliche Anzahl von JENKIN-Elementen, besteht die Hysteresekurve stückweise aus Geraden. Mit einer unendlichen Anzahl von JENKIN-Elementen entsteht eine abgerundete Kurvenform. Hieraus ist zu erkennen, dass das MASING-Modell die Scherung des Drahtes und das nachfolgende Gleiten abbilden kann und so den Anforderungen an eine prinzipielle Nachbildung der komplexen Reibvorgänge genügt. Die den Modellen zugrunde liegenden Gleichungen erfordern Fallunterscheidung (Haften, Gleiten, Haft-Gleit-/ und Gleit-Haft-Übergang), was aufgrund der verwendeten Schaltfunktionen zu Schwierigkeiten bei der numerischen Lösung führen kann. Abhilfe schaffen hier Evolutions-Differenzialgleichungen, die das Verhalten eines JENKIN-Elements auf der Geschwindigkeitsebene approximieren. Hierdurch werden sowohl Unstetigkeiten beim Übergang zwischen Haften und Gleiten vermieden, als auch eine Abfrage ob ein Nulldurchgang der Auslenkungsgeschwindigkeit vorliegt. Je nachdem wie sanft der Übergang Haften-Gleiten nachgebildet werden soll, kann der Anpassungsfaktor m in der Evolutions-Differenzialgleichung eingestellt werden. Hohe Werte für den Parameter m bilden nahezu das Verhalten eines JENKIN-Elementes ab, während ein kleiner Wert sanfte Übergänge ermöglicht, wie in Abb. 3.11 dargestellt. Alle zuvor beschriebenen Belastungsfälle können durch eine Evolutions-Differenzialgleichung nach [11] abgebildet werden. Durch die Vielseitigkeit des MASING-Modells und die dadurch gegebene Möglichkeit, die verschiedenen Phasen des Ultraschall-Drahtbondens (ganzflächiges Durchrutschen

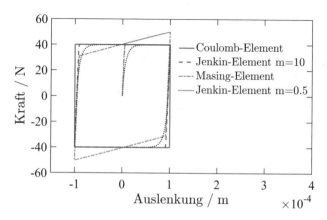

Abb. 3.11 Kraft-Verformungs-Charakteristik zur Verdeutlichung des Mikro- und Makroschlupfverhaltens

in der Reinigungsphase, allmähliches Haften bis hin zu rein elastischem Verhalten im Kontakt bei großflächiger Anbindung) abzubilden, wird dieses Reibmodell verwendet.

Die generalisierte Betrachtung der komplexen Reibvorgänge im Interface durch ein JENKIN-Element ist im Sinne der Recheneffizienz und der Genauigkeit der Vorhersage eine gute Lösung. Allerdings kann das Verhalten des Reibkontaktes in der Realität teilweise abweichen. Tangentialkraftmessungen zeigen, dass es abhängig von den Bondparametern zu steigenden Reibkräften bei hohen Drahtdeformationen kommen kann. Begründet werden kann dies durch die tatsächliche dreidimensionale Beschaffenheit der Körper und der Plastifizierung des Drahtes durch das Bondwerkzeug. Der Anstieg der Reibkraft wurde auch anhand von Finite-Element-Simulationen nachgewiesen [13]. Um diesen Anstieg der Tangentialkraft während der Gleitphase abzubilden, da dieser auch Einfluss auf die verrichtete Reibarbeit hat, existiert im MASING-Modell der Parameter der parallelen Feder c_B. Zur Parametrierung wird ein spezielles Verfahren genutzt, um aus den Ergebnissen des ortsaufgelösten Reibmodells das MASING-Modell automatisiert zu parametrieren. Dazu werden zwei Steigungen in der Hysterese des gekoppelten und flächigen Punktkontaktmodells identifiziert. Die Steigungen 1 und 2 entsprechen der Steifigkeiten c_B und $c_J + c_B$ des MASING-Modells (siehe Abb. 3.12). Die Steifigkeiten können durch die Ableitung $\frac{\delta F}{\delta x}$ berechnet werden, wobei $(\ )^-$ und $(\ )^+$ kennzeichnen, ob die aktuelle Verschiebung sich *vor* oder *nach* dem Schnittpunkt befindet:

$$c_B = \left(\frac{\delta F}{\delta x} \right)^+ \tag{3.8}$$

$$c_J = \left(\frac{\delta F}{\delta x} \right)^- - c_B \tag{3.9}$$

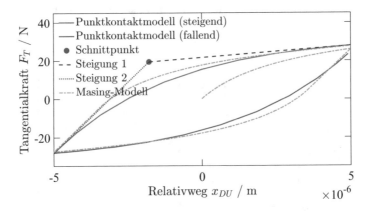

Abb. 3.12 Vergleich zwischen gekoppeltem Punktkontaktmodell und MASING-Modell

Die maximale Haftreibungskraft $H_{max} = \mu F_N$ lässt sich durch Ablesen des Schnittpunktes der Steigung 1 und 2 auf der y-Achse bezogen auf den letzten Umkehrpunkt bestimmen. Auf diese Weise wird ständig ein nach Bedarf aktualisiertes MASING-Modell genutzt. Die Zeiteinsparungen durch dieses Verfahren sind enorm, sodass die geringe Simulationsdauer auf einem Standard-Computer von ca. 15 min für 300 ms Bonddauer hervorgehoben werden kann. Diese ist auch erforderlich für die in Kap. 5 gezeigte Optimierung.

3.4   Modellierung der Anbindung zwischen Draht und Untergrund

Voraussetzungen für das metallische Kaltverschweißen sind aktivierte und reine Kupfer-oberflächen. Nur an diesen Oberflächen können sich starke Bindungskräfte ausbilden. Je näher zwei metallische Oberflächen aneinander gebracht werden, desto stärker ist die Anziehung zwischen den beiden Partnern. Dieses Prinzip kann mit dem sog. LENNARD-JONES-Potenzial beschrieben werden [14]. Dieses Potenzial besagt, dass die Adhäsionskraft zwischen Atom-Teilchen vom Abstand zueinander abhängt. In der Realität weisen aber die meisten Oberflächen keine *perfekten* Oberflächen auf, sodass in der Regel auch keine Bindungskräfte zu beobachten sind. Bei Oberflächen von Metallen sind Oxide und Kontaminationsschichten besonders hervorzuheben, da sie die Reibung enorm beeinflussen. Abgesehen von Edelmetallen wie bspw. Gold, werden unter Normalbedienungen an der Luft alle Metalle eine Oxidschicht bilden, die von 5 bis 250 nm reicht [15]. Neben Oxid- und Kontaminationsschichten können Schichten aus absorbierten Sauer- und Wasserstoffen beobachtet werden. Kupfer besitzt sowohl Oxidschichten aus Kupfer-I-oxiden als auch Oxidschichten aus Kupfer-II-oxiden bei einer längeren Lagerung an feuchter Luft. Diese oxidierten Oberflächen weisen in der Regel einen initialen Reibkoeffizienten μ_{Ox} von 0,1 bis 0,3 auf, wenn sie aneinander reiben [16]. Beim Ultraschall-Drahtbonden von Aluminiumdrähten kann beobachtet werden, dass durch die Vordeformation Oxidschichten partiell aufgerissen werden und dadurch reine Metalloberflächen miteinander in Berührung kommen [17]. Dieser Effekt findet jedoch beim Bonden mit Kupfer laut Eacock et al. [18] nicht statt. Sie heben hervor, dass nicht damit zu rechnen ist, dass Oxide infolge plastischer Verformung aufbrechen. Kupferoxide sind im Gegensatz zu Aluminiumoxiden nicht spröde, sondern werden als Schmiermittel eingestuft. Dennoch ist es möglich, diese Oxide oder andere Kontaminationsschichten unter Zuhilfenahme von Reibung abzutragen, sodass reaktive neue Oberflächen geschaffen werden und Mikroverschweißungen entstehen können. Die spontane Bildung von starken Schweißbrücken zwischen sauberen - nicht oxidierten Metalloberflächen führt dazu, dass die beiden Metalle unlöslich miteinander verbunden werden. Erst durch relatives Gleiten der Teilflächen können Teilchen abgeschert werden. Durch die Kaltverschweißung reißt der Werkstoff häufig nicht in der Fügezone, sondern in den nicht verformten Nebenbereichen auf. Es entstehen Ausbrüche und Materialablagerungen, die oft an der Gleitfläche des härteren Partners haften bleiben. Daher spricht man an dieser Stelle auch von einem *plastischen Kontak*t. Der maximale Reibkoeffizient μ_{Met}, welcher hierbei zu beobachten ist, kann wie folgt definiert werden:

$$\mu_{\mathrm{Met}} = \frac{\tau_m}{H} \tag{3.10}$$

Dabei ist τ_m die Schubfestigkeit der Metallpaarung und H die Härte des weicheren Materials. Zur Bestimmung des maximalen Reibkoeffizienten bietet sich diese Methode an, da μ_{Met} unabhängig gegenüber äußerer Lasten und geometrischer Randbedingungen berechenbar ist [19]. Die Gl. (3.10) verdeutlicht, dass weichere Materialien prinzipiell eher miteinander verschweißen (hohe Reibkoeffizienten zwischen den Metallpaarungen durch niedriges Verhältnis aus Schubfestigkeit und Härte) als harte Materialien. Ein Beispiel für diesen Effekt kann bei dem adhäsiven Verschleiß von Bauteilen gezeigt werden. Zur Minimierung des Verschleißes werden häufig Oberflächen gehärtet. Die größere Härte führt zu einer geringeren effektiven Kontaktfläche der Reibpartner, sodass eine geringere Annäherung der Metalloberflächen stattfindet. Innerhalb dieser Arbeit bildet ein sog. *Anbindungsmodell* die eigentliche Verschweißung ab. Dabei wird mittels der umgesetzten Reibarbeit pro Flächenelement $\frac{\Delta W_R}{\Delta A_0}$ der Grad der Reinigung $\gamma_{ij} = \frac{\Delta A_{\mathrm{eff}}}{\Delta A_0}$ des jeweiligen Elements ij berechnet (siehe Abb. 3.14). Dieser beschreibt den Prozentsatz an gereinigter Fläche im Kontakt Draht/ Substrat. Nur gereinigte Teilflächen können als verschweißt angesehen werden. Der Grad der Reinigung kann anschließend mit der Fläche des Teilelements ΔA_0 multipliziert werden, um die gesamte und damit effektiv verschweißte Fläche A_{eff} im Kontakt zu bestimmen:

$$A_{\mathrm{eff}} = \sum_{i=1}^{n} \sum_{j=1}^{m} \gamma_{ij} \Delta A_0. \tag{3.11}$$

Gemäß der vorgestellten Arbeit von Gaul [20] ist der Grad der Reinigung γ_{ij} proportional zur umgesetzten Reibarbeit pro Fläche. Abb. 3.13 zeigt den gemessenen Scherkraftverlauf eines typischen Bonds beim Kupferdrahtbonden. Es ist zu erkennen, dass der Zeitpunkt der ersten Anbindung zwischen Draht und Substrat um einige Millisekunden verschoben ist. Dies deutet darauf hin, dass die Kontaktflächen zunächst aktiviert werden müssen, bevor

Abb. 3.13 Zeitliche Entwicklung einer gemessenen und anschließend normierten Scherkraft F_S für den gesamten Bondkontakt. Dargestellt ist jeweils der Mittelwert μ als auch die Standardabweichung σ

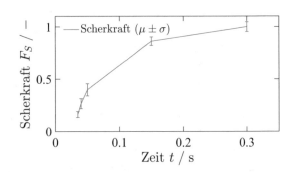

es zu einer Verschweißung im Interface kommen kann. Sobald jedoch das Interface verschweißt ist, tritt ein sättigender Effekt ein und der Bond wird nicht weiter verschweißen. Aus diesem Grund wird in dieser Arbeit angenommen, dass die Reinigung bzw. Anbindung mit der Aktivierungsenergiedichte $\tilde{E}_{\text{Aktivierung}}$ beginnt und mit der Anbindungsenergiedichte $\tilde{E}_{\text{Anbindung}}$ abgeschlossen ist. Die Energiedichte hat die SI-Einheit Joule pro Quadratmeter. Die Abb. 3.14 zeigt den Reinigungsgrad γ_{ij} für eine gegebene umgesetzte Reibarbeit ΔW_R pro Flächenelement ΔA_0. Je größer die Differenz dieser beiden Energien ist, desto mehr Arbeit muss geleistet werden um ein Element mit der Teilfläche ΔA_0 zu reinigen. Dabei wird aus zahlreichen Beobachtungen angenommen, dass γ_{ij} monoton steigend und rechtsseitig stetig ist. Der resultierende Reibkoeffizient μ_{ij} des jeweiligen Elements steigt zwischen den beiden Reibkoeffizienten μ_{Ox} und μ_{Met} linear an:

$$\mu_{ij} = (1 - \gamma_{ij})\mu_{\text{Ox}} + \gamma_{ij}\mu_{\text{Met}} \quad \text{mit} \quad \mu_{\text{Met}} > \mu_{\text{Ox}} \text{ [20]}. \tag{3.12}$$

Vergleichbare Ansätze findet man auch bei tribologischen Betrachtungen von Systemen mit Mischreibung (siehe [16, 21]). Dabei wird μ_{ij} durch zwei Komponenten beschrieben. Den ungereinigten Anteil $(1 - \gamma_{ij})$, bei dem angenommen wird, dass noch keine Schweißvorgänge stattfanden und somit oxidierte Flächen aufeinander reiben und der andere Teil, γ_{ij}, welcher als schon verschweißt betrachtet werden kann. Zur Bestimmung der maximalen Scherkraft im Bondkontakt kann anschließend die mittlere Scherfestigkeit τ_m des Kontaktes mit der im Bondkontakt verschweißten Gesamtfläche A_{eff} multipliziert werden:

$$F_S = \tau_m A_{\text{eff}}. \tag{3.13}$$

Für die Berechnung der Scherkraft F_S nach Gl. (3.13) wird der Materialparameter der mittleren Scherfestigkeit τ_m benötigt. Um einen gesicherten Wert für τ_m für den Draht zu erhalten, kann dieser quer zur Drahtachse geklemmt und anschließend geschert werden. Die resultierende Scherfläche wird mithilfe eines Mikroskops ausgemessen und durch das Ergebnis der dabei gemessenen Scherkraft geteilt. Die so ermittelte mittlere Scherfestigkeit des Drahtes beträgt $\tau_m = 167\,\text{MPa}$. Vergleicht man diesen Wert mit den typischen Ersatzwerten, welche unter Zuhilfenahme der Zugfestigkeit $R_m = 224\,\text{MPa}$ von Kupfer und der häufig genutzten Beziehung $\tilde{\tau}_m \cong 0.8 \cdot R_m$ für nicht spröde Materialien berechnet werden

Abb. 3.14 Der theoretische Reinigungsgrad γ_{ij} beim Ultraschall-Drahtbonden für zunehmende Reibarbeiten ΔW_R pro Flächenelement ΔA_0

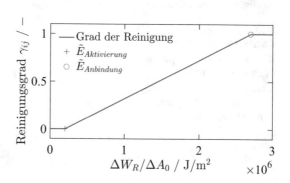

kann, dann lässt sich eine hinreichend gute Übereinstimmung feststellen ($\tilde{\tau}_m \cong 180\,\text{MPa}$). Die in dieser Arbeit untersuchten DCB-Substrate weisen eine Vickershärten von ca. 60 HV auf (vgl. [22]), daraus resultiert mittels Gl. (3.10) ein maximaler Reibkoeffizient von ca. $\mu_{\text{Met}} \cong 3$. An dieser Stelle sei gesagt, dass die Scherfestigkeit einer Kupferdrahtverbindung jedoch nicht nur von der Größe der verschweißten Fläche abhängt, sondern auch vom Grad der Ausprägung der entstehenden Diffusionsbereiche. Diesen Aspekt berücksichtigt diese Arbeit nicht, dennoch ist zu erwarten, dass hinreichend genaue Ergebnisse möglich sind.

Für das vorstellte Anbindungsmodell wird stattdessen die Kontaktfläche in einzelne Reibelemente unterteilt, für die jeweils einzeln die Anbindungsgrade berechnet werden. Dabei wird eine mindestens umzusetzende Reibenergie zugrundegelegt, ab der überhaupt eine Anbindung zustande kommen kann, und eine maximale Reibenergie, bei der das Element vollständig verschweißt wird. Liegt die umgesetzte Reibenergie zwischen diesen beiden Punkten, wird entsprechend linear zwischen 0 % Anbindung und 100 % Anbindung interpoliert. Die tatsächlich verschweißte Fläche eines Elements ergibt sich dann als Produkt der prozentualen Anbindung und der Elementfläche. Die Summe aller verschweißten Elementflächen, multipliziert mit einer spezifischen Scherfestigkeit, ergibt schließlich eine Gesamtscherfestigkeit für die simulierte Bondverbindung.

3.5   Ersatzmodell für das US-Bonden

Wie bereits eingangs beschrieben, ist eine realitätsnahe Modellierung des Bondprozesses Voraussetzung für die spätere Mehrzieloptimierung. Sie liefert die Reibkraft bzw. die Bewegung des Drahtes als Eingangsgröße in das Teilmodell Reibkontaktmodellierung (Abschn. 3.3), welches wiederum die wichtige Ausgangsgröße (Scher-)Festigkeit bzw. Anbindung liefert. Eingangsgrößen sind die zeitlichen Verläufe von Ultraschallspannung und Bondkraft. Die Reibung in den Kontakten Werkzeug/Draht und Draht/Substrat wird berücksichtigt. Sowohl die betrachteten Komponenten als auch die Reibkontakte sind in Abb. 3.15 veranschaulicht. Das Modell beinhaltet außerdem die Frequenzregelung (PLL-Regelung), mit der das System auch bei veränderlicher Last während des Bondprozesses in Resonanz gehalten wird.

Abb. 3.15 Veranschaulichung der betrachteten Komponenten Werkzeug, Draht und Untergrund mit dargestellten Schwingungsamplituden sowie den Reibkontakten

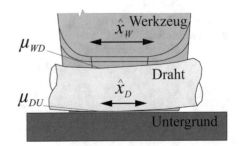

Experimentelle Versuche in der Vergangenheit haben gezeigt, dass sich die Last in Form von Reibung durch den Bondprozess unterschiedlich stark auf die Schwingung von Transducer und Werkzeug auswirkt [23]. Zur Modellierung des Schwingungsverhaltens im Zeitbereich wird daher im Folgenden ein diskretes Modell mit drei Freiheitsgraden (Transducer, Werkzeug, Draht) vorgestellt, das die Dynamik des Ultraschalltransducers inklusive Werkzeug und Draht abbildet. Da das System resonant betrieben wird, ist dabei nur die Dynamik im Bereich der Resonanzfrequenz von Interesse.

In Abb. 3.16 ist das mechanische Ersatzmodell des Transducers mit Werkzeug (auch als Sonotrode bezeichnet) inkl. Draht dargestellt, welches die in Abschn. 2.3 beschriebene elektromechanische Analogie nutzt. Als elektrischer Systemeingang wirkt die Ultraschallspannung $U_S(t)$ wie eine Kraft. Diese regt über eine Feder mit der Steifigkeit $1/C_P$, welche von der Kapazität der Piezokeramiken bestimmt wird, und einen Hebel mit dem Hebelverhältnis α das System an, welches die mechanischen Eigenschaften des Transducers beschreibt. Der Freiheitsgrad x_T an der Masse m_T entspricht der Auslenkung der Stirnseite des Transducers. Weitere Parameter des Transducermodells sind die Steifigkeit c_T und die Dämpfung d_T. Zusätzlich wird eine weitere Masse m_W benötigt, um die Dynamik der Werkzeugspitze mit dem Freiheitsgrad x_W zu beschreiben. Diese Masse des Werkzeugs ist über ein weiteres Feder-Dämpfer-Element (Steifigkeit c_w, Dämpfung d_w) über das Hebelverhältnis β an den Transducer gekoppelt. Die Kopplung der Masse des Drahtes m_D an das Werkzeug erfolgt mithilfe des vorgestellten MASING-Elements mit den Paramtern c_D, c_{JD} und μ_{WD}, welches eine effiziente Abbildung der Reibung zwischen Werkzeug und Draht ermöglicht. Diese Reibung wird bei der Abschätzung des Werkzeugverschleißes als eines der Teilziele der Mehrzieloptimierung benötigt (sieh Kap. 5). Die Drahtmasse ist im Vergleich zur Masse

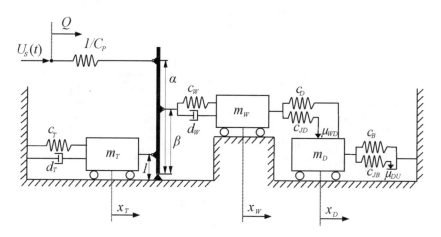

Abb. 3.16 Elektromechanisches Ersatzmodell inklusive aller Reibkontakte für die Kontakte Werkzeug/Draht und Draht/Untergrund

des Transducers und des Werkzeugs sehr gering. Aus diesem Grund dominiert das Starr-körperverhalten die Dynamik des Drahtes. Sämtliche Parameter dieses Modells sind als modale Parameter zu verstehen. Der Gültigkeitsbereich eines solchen Modells liegt somit stets im Bereich der Frequenz der Eigenmode, für die die Modellparameter ermittelt wur-den. Die an der Drahtmasse angreifende äußere Kontaktkraft $F_{DU}(t)$ ergibt sich aus einem zweiten MASING-Element mit den Paramtern c_B, c_{JB} und μ_{DU}, welches während der Si-mulation ständig mit dem nach Bedarf aktualisierten gekoppelten Punktkontaktmodell aus Abschn. 3.3 parametriert wird. Die Ersatzparameter für die Bewegungsgleichung werden experimentell aus Frequenzgangmessungen ermittelt.

Um die Gültigkeit der Modellierung zu überprüfen, wird am freischwingenden Bondsys-tem die Bewegungsgeschwindigkeit der Werkzeugspitze $\hat{v}_w$ mittels Laservibrometrie auf-gezeichnet. Mit der elektrischen Eingangsspannung $\hat{U}$ lässt sich so die vorwärtsgerichtete Kurzschlusskernadmittanz $\underline{Y}_{21} = \hat{v}_w/\hat{U}$ des Systems ermitteln, vgl. Abschn. 2.3. Abb. 3.17 zeigt einen Vergleich dieser Frequenzgangmessungen mit den Ergebnissen des vorgestellten Modells. Man erkennt, dass gemessene und berechnete Resonanzfrequenz sowie Betrag und

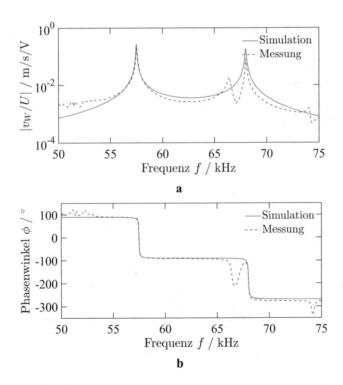

Abb. 3.17 Gemessene und aus dem identifizierten Modell berechnete Frequenzgänge der vorwärts-gerichteten Kurzschlusskernadmittanz an der Messstelle Werkzeugspitze in Betrag (**a**) und Phase (**b**)

Phase von $\underline{Y}_{21}$ in der Nähe dieser Frequenz sehr gut übereinstimmen. Somit ist im Bereich der Arbeitsfrequenz eine hohe Modellgüte zu erwarten.

Die auf das Werkzeug und darüber auf den Ultraschalltransducer wirkende Last ändert sich während des Bandprozesses. Daher ist für den Resonanzbetrieb des Ultraschalltransducers, wie bereits in Abschn. 2.3 (vgl. Abb. 2.3) an einem Beispiel gezeigt, eine Frequenzregelung erforderlich. Für ein vollständiges Modell des Bondprozesses ist es daher notwendig, auch die elektrische Ansteuerung des Ultraschallsystems mitzumodellieren. Nur so lassen sich aussagekräftige Simulationen mit dem Modell durchführen, insbesondere wenn das in Abschn. 3.3 entwickelte Reibmodell mit veränderlichen Parametern verwendet wird. Wie bei einem realen System wird mittels einer Phase-Locked-Loop-Phasenregelung (PLL-Regelung) die Phase zwischen Ultraschallstrom $I(t)$ und Ultraschallspannung $U(t)$ durch Frequenzanpassung auf eine Soll-Phase von $0°$ geregelt und damit das System in Resonanz gehalten.

3.6   Werkzeugverschleiß

Jedes Bondwerkzeug unterliegt im praktischen Einsatz einem Verschleiß durch den Kontakt mit dem Draht. Der aktuell für das Ultraschall-Drahtbonden üblicherweise verwendete Draht besteht aus Aluminium. Reines Aluminium ist relativ weich und daher leicht zu verformen. In der Regel werden Bondwerkzeuge nach 50.000 Bondverbindungen gereinigt, da sich Aluminiummaterial auf den Flanken ansammelt. Dies ist mehrfach möglich, sodass ein Werkzeug bis zu 1 Mio. Einzelbonds erreichen kann. Um Kupfermaterial zu verschweißen, ist neben einer etwa doppelt so hohen Ultraschallleistung auch eine mehr als doppelt so hohe Bondkraft erforderlich als bei Aluminiumdraht gleicher Stärke. Daher stellt das Bonden mit Kupferdraht eine deutlich höhere Anforderungen an die Bondwerkzeuge dar. Aus dem selben Grund sind Bondwerkzeuge einem deutlich höheren Verschleiß ausgesetzt [24]. Die typische Lebensdauer eines herkömmlichen Bondwerkzeugs bei der Herstellung von Kupferbondverbindungen liegt bei ca. 30.000 Einzelbonds.

Um im Folgenden Lebensdauerprognosen für das Bondwerkzeug durchführen zu können, wird ein Modell zur Berechnung der Werkzeuglebensdauer vorgestellt. So können innerhalb des Bondmodells Rückschlüsse auf die aktuelle Verschleißrate gezogen werden. Dabei wird auf das sog. ARCHARD-Modell zurückgegriffen. Dieses Modell besagt, dass der Volumenabtrag V am betrachteten Körper proportional zum Produkt des relativen Gleitwegs beider Körper, der Normalkraft F_N sowie dem Kehrwert der Härte H des Reibkörpers ist (vgl. Gl. (3.14)). Demnach sind als Eingangsgrößen der akkumulierte relative Reibweg x_{rel} zwischen Bondwerkzeug und Draht, die Materialhärte H des Bondwerkzeugs und die aktuelle Normalkraft F_N zur Berechnung des Verlustvolumens notwendig:

$$V = \frac{K F_N x_{rel}}{H}. \tag{3.14}$$

Ein Verschleißkoeffizient K für die betrachtete Kontaktpaarung wird aus begleitenden Massenversuchen ermittelt (siehe Arbeiten von Eichwald et al. [7]). Mit Hilfe des hergeleiteten Modells aus Abschn. 3.3 lässt sich der relative Gleitweg zwischen Werkzeug und Draht mit $x_{\text{rel}} = x_W - x_D - \frac{F_{T,WD}}{c_{J,WD}}$ berechnen. Da die Steifigkeit des JENKIN-Elements nicht zur Reibarbeit beitragen kann, wird die nominelle relative Amplitude um den elastischen Anteil $\frac{F_{T,WD}}{c_{J,WD}}$ reduziert [25]. Somit lässt sich die geleistete Reibarbeit in der Kontaktstelle Tool/Draht beim Bonden pro Periode wie folgt darstellen:

$$W_{R,WD} = 4\hat{F}_{T,WD}\left(\hat{x}_W - \hat{x}_D - \frac{\hat{F}_{T,WD}}{c_{J,WD}}\right). \tag{3.15}$$

Die Kraft $\hat{F}_{T,WD}$ entspricht dem Produkt aus Reibkoeffizient μ_{WD} und Normalkraft F_N. Da das Bondwerkzeug 4 mal pro Periode über den Draht reibt, muss die Amplitude entsprechend dieser Anzahl multipliziert werden. Ein sehr einfaches und anschauliches Merkmal zur Beurteilung des Verschleißverhaltens ist die Lebensdauer L_{ges}. Sie gibt die Anzahl der möglichen Bondverbindungen bis zum Ausfall des Bondwerkzeugs an. Die Lebensdauer ergibt sich bei einem konstanten Verschleißgradienten zu:

$$L_{\text{ges}}(V) = \frac{V}{v_N}. \tag{3.16}$$

Bei dem mittleren Verschleißgradienten $v_N = \frac{\Delta V_{\text{ref}}}{\Delta N}$ handelt es sich um eine Referenzgröße aus den Arbeiten von Eichwald et al. [7]. Hier konnte mittels Aufnahmen eines Konfokalmikroskops das abgetragene Volumen ΔV_{ref} für eine definierte Anzahl von Bondverbindungen ΔN bestimmt werden. Der resultierende Volumenabtrag V wird mit der in Gl. (3.14) vorgestellten Beziehung nach ARCHARD berechnet.

3.7 Zusammenfassende Diskussion des Gesamtmodells

Im Rahmen der Modellbildung wurden einzelne physikalische Phänomene betrachtet, die unterschiedliche Zeitskalen und Komplexitätsgrade besitzen. Dies erforderte einen Modellierungsansatz, bei dem diese Effekte in Teilmodellen abgebildet werden. Die Modularisierung des Prozesses ermöglicht die Parametrierung und Validierung der einzelnen Teilmodelle unabhängig voneinander. Erst in einem zweiten Schritt werden die Teilmodelle miteinander kombiniert. Das in diesem Kapitel dargestellte Gesamtmodell (siehe Abb. 3.1) beinhaltet alle notwendigen Teilmodelle zur Simulation eines Bondprozesses. Dabei werden die drei wichtigsten Aspekte beim Ultraschall-Drahtbonden aufgegriffen: Die Bestimmung der Kontaktdrücke zwischen Draht und Substrat, die Berücksichtigung der Prozessdynamik und die Berechnung der Reibung und Anbindung.

Das in Abschn. 3.1 vorgestellte *Ultrasonic Softening*-Modell basiert auf einem maschinell gelernten Modell zur Berechnung der Drahthöhenabnahme beim Bonden. Es wird zu Beginn mit den zeitabhängigen Eingangsparametern parametriert und liefert einerseits das Ergebnis der Drahthöhenabnahme, welche für die Berechnung der Andruckverteilung als auch für die Zielfunktion der Bondtoolaufsetzer benötigt wird. Das Modell der *Prozessdynamik* besteht aus einem *Sonotroden-* und *Reibmodell* und simuliert jede aktuelle Schwingung durch das Lösen eines Differenzialgleichungssystems 1. Ordnung. Das *Sonotrodenmodell* ist ein diskretes Ersatzmodell für das Ultraschallsystem inklusive elektrischer Ansteuerung. Das *Reibmodell* ist ein gekoppeltes Punktkontaktmodell, das die Mikroschlupfeffekte des Bondprozesses abbildet. Als Eingang wird hierfür die Druckverteilung aus dem Teilmodell der *Andruckverteilung* benötigt. Da aus Effizienzgründen nicht alle Schwingungen mit dem gekoppelten Punktkontaktmodell berechnet werden können, wird größtenteils auf ein effizienteres MASING-Modell zurückgegriffen. Das *Reibmodell* prüft dazu in jeder Schwingung, ob das MASING-Modell für die aktuelle Berechnung noch gültig ist. Wenn der Fehler zwischen dem detaillierten Punktkontaktmodell und dem reduzierten MASING-Modell einen Schwellenwert überschreitet, wird das reduzierte Modell neu parametriert; falls nicht, werden die alten Parameter beibehalten. Die resultierenden Hysteresen sind vom Grad der Reinigung im Interface abhängig. Aus diesem Grund besteht eine Verbindung zwischen dem *Reib-* und dem *Anbindungsmodell*. Das Anbindungsmodell bildet die eigentlichen Reinigungs- und Anschweißeffekte ab. Dabei kommt ein Kennfeld zum Einsatz, das über Versuche parametriert wird. Dieses bildet die umgesetzte Reibarbeit pro Flächenelement auf den jeweiligen Reinigungsgrad ab. Je größer der Reinigungsgrad ist, desto wahrscheinlicher kommt es zu einer Anbindung des jeweiligen Elements. Die Reibarbeit im Interface Draht/Substrat hängt sowohl von der relativen Auslenkung des Drahtes zum Untergrunds ab, als auch von der Kontaktfläche. Die durch den Bondvorgang hervorgerufene Zunahme der Kontaktfläche führt im Modell zu einer Erhöhung der Kontaktsteifigkeit, die wiederum die Resonanzfrequenz des Systems beeinflusst. Die Betriebsfrequenz muss während des Bondvorgangs durch einen *PLL-Regler* angepasst werden.

Literatur

1. RUSINKO, A.: Analytical description of ultrasonic hardening and softening. In: *Ultrasonics* 51 (2011), Nr. 6, S. 709–714
2. UNGER, A. ; SEXTRO, W. ; ALTHOFF, S. ; MEYER, T. ; BRÖKELMANN, M. ; NEUMANN, K. ; REINHART, R. F. ; GUTH, K. ; BOLOWSKI, D.: Data-driven Modeling of the Ultrasonic Softening Effect for Robust Copper Wire Bonding. In: *Proceedings of 8th International Conference on Integrated Power Electronic Systems (CIPS)* Bd. 141, VDE-Verlag, 2014, 175–180
3. NEUMANN, K.: *Reliability of Extreme Learning Machines*, Universität Bielefeld, Diss., 2013
4. UNGER, A. ; SEXTRO, W. ; ALTHOFF, S. ; EICHWALD, P. ; MEYER, T. ; EACOCK, F. ; BRÖKELMANN, M. ; HUNSTIG, M. ; BOLOWSKI, D. ; GUTH, K.: Experimental and Numerical Simulation Study of Pre-Deformed Heavy Copper Wire Wedge Bonds. In: *Proceedings of the 47th International Symposium on Microelectronics (IMAPS)*. San Diego, CA, US : Imaps, 2014, S. 289–294
5. EACOCK, F.: *Mikrostrukturuntersuchungen an Al- und Cu-Bonddrähten*, Universität Paderborn, Diplomarbeit, 2013

6. EICHWALD, P. ; SEXTRO, W. ; ALTHOFF, S. ; EACOCK, F. ; SCHNIETZ, M. ; GUTH, K. ; BRÖKELMANN, M.: Influences of bonding parameters on the tool wear for copper wire bonding. In: *15th IEEE Electronics Packaging Technology Conference (EPTC)* IEEE, 2013, S. 669–672
7. EICHWALD, P. ; SEXTRO, W. ; ALTHOFF, S. ; EACOCK, F. ; UNGER, A. ; MEYER, T. ; GUTH, K.: Analysis method of tool topography change and identification of wear indicators for heavy copper wire wedge bonding. In: *International Symposium on Microelectronics* International Microelectronics Assembly and Packaging Society, 2014, S. 856–861
8. ALTHOFF, S. ; NEUHAUS, J. ; HEMSEL, T. ; SEXTRO, W.: A friction based approach for modeling wire bonding. In: *International Symposium on Microelectronics* International Microelectronics Assembly and Packaging Society, 2013 (1), S. 208–212
9. ALTHOFF, S. ; NEUHAUS, J. ; HEMSEL, T. ; SEXTRO, W.: Improving the bond quality of copper wire bonds using a friction model approach. In: *64th IEEE Electronic Components and Technology Conference (ECTC)*, 2014, S. 1549–1555
10. ALTHOFF, S. ; UNGER, A. ; SEXTRO, W. ; EACOCK, F.: Improving the cleaning process in copper wire bonding by adapting bonding parameters. In: *17th Electronics Packaging Technology Conference*, 2015
11. KOLSCH, H.: Schwingungsdämpfung durch statische Hysterese. In: *VDI-Fortschrittsbericht, Reihe* 11 (1993)
12. MEYER, S.: *Modellbildung und Identifikation von lokalen nichtlinearen Steifigkeits-und Dämpfungseigenschaften in komplexen strukturdynamischen Finite-Elemente-Modellen*, Universität Kassel, Diss., 2003
13. ALTHOFF, S. ; MEYER, T. ; UNGER, A. ; SEXTRO, W. ; EACOCK, F.: Shape-Dependent Transmittable Tangential Force of Wire Bond Tools. In: *66th IEEE Electronic Components and Technology Conference (ECTC)* IEEE, 2016, S. 2103–2110
14. LENNARD-JONES, J. E.: Cohesion. In: *Proceedings of the Physical Society* 43 (1931), Nr. 5, S. 461
15. FISCHER, A.: *Höhere Werkstofftechnik / Tribologie (Vorlesungsskript)*. 2013
16. RABINOWICZ, E.: *Friction and wear of materials*. Wiley, New York, 1965
17. GEIßLER, U.: *Verbindungsbildung und Gefügeentwicklung beim Ultraschall-Wedge-Wedge-Bonden von AlSi1-Draht*, Technische Universität Berlin, Diss., 2008
18. EACOCK, F. ; UNGER, A. ; EICHWALD, P. ; GRYDIN, O. ; HENGSBACH, F. ; ALTHOFF, S. ; SCHAPER, M.: Effect of different oxide layers on the ultrasonic copper wire bond process. In: *2016 IEEE 66th Electronic Components and Technology Conference (ECTC)*, 2016
19. BHUSHAN, B.: *Springer handbook of nanotechnology*. Springer, 2004
20. GAUL, H.: *Berechnung der Verbindungsqualität beim Ultraschall-Wedge-Wedge-Bonden*, Technische Universität Berlin, Diss., 2009
21. STRAFFELINI, G.: *Friction and Wear*. Springer Verlag, 2015
22. EACOCK, F. ; SCHAPER, M. ; ALTHOFF, S. ; UNGER, A. ; EICHWALD, P. ; HENGSBACH, F. ; ZINN, C. ; GUTH, K.: Microstructural investigations of aluminum and copper wire bonds. In: *Proceedings of the 47th International Symposium on Microelectronics*, 2014
23. BRÖKELMANN, M.: *Entwicklung einer Methodik zur Online-Qualitätsüberwachung des Ultraschall-Drahtbondprozesses mittels integrierter Mikrosensorik*, Universität Paderborn, Diss., 2008
24. TOPHINKE, S.: *Fehlererkennung und Qualitätsanalyse bei Bondverbindungen durch Auswertung der Maschinenparameter*, Universität Paderborn, Diplomarbeit, 2013
25. UNGER, A. ; SEXTRO, W. ; MEYER, T. ; EICHWALD, P. ; ALTHOFF, S. ; EACOCK, F. ; BRÖKELMANN, M. ; HUNSTIG, M. ; GUTH, K.: Modeling of the Stick-Slip Effect in Heavy Copper Wire Bonding to Determine and Reduce Tool Wear. In: *2015 17th Electronics Packaging Technology Conference*, 2015

Simulation und Validierung des Bondprozesses

4

Andreas Unger, Matthias Hunstig und Reinhard Schemmel

4.1 Identifikation von Mikroverschweißungen

Die am häufigsten genutzten Verfahren zur Prüfung einer Drahtbondverbindung sind die sog. *Pull-* und *Schertests* [1]. Beide Verfahren können sowohl zerstörend als auch nicht-zerstörend ausgeführt werden. Beim Pulltest wird mittels eines Hakens am Scheitelpunkt der Drahtbrücke (des *Loops*) gezogen, bis die Drahtverbindung zerstört oder eine vorgegebene Kraft erreicht ist, siehe Abb. 4.1a. Beim Schertest wird mithilfe eines Schermeißels, welcher knapp über dem Untergrund geführt wird, eine Kraft seitlich auf den Bondfuß aufgebracht, bis die Verbindung Draht/Substrat versagt oder eine vorgegebene Kraft erreicht ist, siehe Abb. 4.1b. Die Prozesskontrolle in den Produktionsstätten wird aktuell durch stichproben-artige, meist zerstörende, Scher- und Pulltests der gebondeten Substrate durchgeführt.

Naturgemäß können diese standardisierten Verfahren aber lediglich die maximale Festig-keit der Bondverbindung bestimmen, nicht die Verteilung oder Größe der verschweißten Be-reiche. Aus diesem Grund wird in diesem Kapitel ein bildgebendes Verfahren genutzt, um die entstehenden Mikroverschweißungen im Interface Draht/Substrat zu unterschiedlichen Zeit-punkten des Bondprozesses zu identifizieren. Dazu werden die Bruchflächen im Interface Draht/Substrat nach dem Pulltest mittels eines Bildsegmentationsverfahrens hinsichtlich gebondeter und ungebondeter Bereiche ausgewertet. Wird dieses Verfahren auf verschiedene

A. Unger (✉) · M. Hunstig
Vorentwicklung, Hesse GmbH, Paderborn, Deutschland
E-Mail: andreas.unger@hesse-mechatronics.com

M. Hunstig
E-Mail: matthias.hunstig@hesse-mechatronics.com

R. Schemmel
Lehrstuhl für Dynamik und Mechatronik (LDM), Universität Paderborn, Paderborn, Deutschland
E-Mail: reinhard.schemmel@upb.de

© Springer-Verlag GmbH Deutschland, ein Teil von Springer Nature 2019
W. Sextro und M. Brökelmann (Hrsg.), *Intelligente Herstellung zuverlässiger Kupferbondverbindungen,* Intelligente Technische Systeme – Lösungen aus dem Spitzencluster it's OWL, https://doi.org/10.1007/978-3-662-55146-2_4

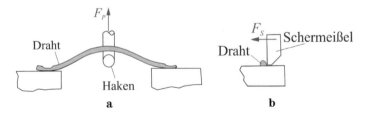

Abb. 4.1 Schematische Abbildung eines Pull- (**a**) und eines Schertests (**b**)

Abbruchzeiten des Bondprozesses angewandt, kann ein zeitlicher Verlauf der Anbindung abgebildet werden. Dieser Verlauf dient anschließend der Validierung des in Abschn. 3.4 vorgestellten Modells, welches die Anbindung beim Ultraschall-Drahtbonden über einen diskretisierten Reibkontakt mit zeitabhängigen Kontaktparametern beschreibt [2]. Die Herausforderung bei dem hier vorgestellten Verfahren liegt darin, ein Merkmal in den Aufnahmen zu identifizieren, um die gebondeten Bereiche ortsaufgelöst bestimmen zu können.

Im ersten Teil der Versuchsdurchführung werden Bonds mit unterschiedlichen Abbruchzeiten hergestellt. Zu jeder Abbruchzeit gehören 20 Einzelbonds. Um die Wahrscheinlichkeit für Ausreißer zu minimieren, werden lediglich Destination-Bonds betrachtet, wobei zunächst der Source-Bond gebondet und der Loop gezogen wird. Dieses Vorgehen soll sicherstellen, dass durch das vorherige Ziehen des Loops der Draht stets dieselbe Position unter dem Tool annimmt. Die Bonds werden mittels Pulltest an einem Scher- und Pulltester der Fa. *Dage* vom Typ 4000+ zerstörend geprüft und mittels eines digitalen Lichtmikroskops fotografiert. Die Abb. 4.2 zeigt eine repräsentative Aufnahme der Bondfläche für einen Zeitpunkt bei 160 ms. In sämtlichen Aufnahmen lassen sich im zentralen Bereich der Bondfläche nadelstreifenförmige Teilbereiche ausmachen (siehe Teilbereich 1), welche als plastisch deformierte Kontaktflächen mit deutlich geringerer Rauigkeit als die übrigen Teilflächen identifiziert wurden. Durch die geringe Rauigkeit und die daraus resultierenden Reflexionseigenschaften erscheinen diese nicht-verschweißten Bereiche als dunkel oder hell glänzend. Als zweite charakteristische Teilflächen werden die bräunlichen/kupferfarbenen Bereiche als duktile Bruchflächen (Teilbereich 2) identifiziert. Hierbei ist zu erkennen, dass große Bereiche des DCB-Substrats beim Pulltest aus dem Interface herausgerissen wurden und umgekehrt Drahtmaterial auf dem Substrat verblieben ist; Bereiche mit diesem Erscheinungsbild werden folglich als verschweißt angesehen. Da bereits die Bereiche 1 und 2 einer Kategorie (nicht verschweißt/verschweißt) zugeordnet wurden, bleibt der Teilbereich 3 übrig. Hierbei wird angenommen, dass es sich um eine Mischung von verschweißten und unverschweißten Teilflächen des Substrates handelt, die nicht ohne Weiteres dem Teilbereich 1 oder 2 zugeordnet werden können.

Für das weitere Vorgehen werden die Farbinformationen in der Bilddatei ausgewertet und weiterverarbeitet. Es wird die sog. *Bondellipse* vom Rest des Bildes ausgeschnitten, sodass die Bondellipsen die Bildränder tangieren. Im nächsten Schritt wird ein Mittelwert-Filter

Abb. 4.2 Identifikation der Teilbereiche einer typischen Bondverbindung nach einer Bonddauer von 160 ms

angewendet, welcher die Rausch-/Störgrößen in den Teilflächen filtert. Um die verschweißten Teilflächen (siehe Teilbereich 2 in Abb. 4.2) im gesamten Interface zu identifizieren, werden diese mittels der Bildsegmentation aus dem Gesamtbild mittels eines RGB-Filters extrahiert. Das segmentierte Bild wird genutzt, um eine logische Matrix zu erstellen. Hierbei repräsentiert der Eintrag 0 ein nicht verschweißtes Pixel und der Eintrag 1 ein verschweißtes Pixel. Dies ermöglicht eine objektive Charakterisierung der Bondfläche für unterschiedliche Abbruchzeitpunkte.

Im letzten Schritt findet die statistische Auswertung statt. Die im Vorfeld erstellten logischen Matrizen werden für gleiche Abbruchzeitpunkte 20 Proben aufaddiert. Hierfür werden unterschiedliche Bildgrößen durch gleichmäßiges Auffüllen mit Nullen am Bildrand ausgeglichen, um die Bildgrößen zu vereinheitlichen. Nach der Addition wird durch die Anzahl der berücksichtigten Bilder geteilt. Somit entspricht jeder Zelleneintrag in der daraus entstehenden Matrix der relativen Häufigkeit des Ereignisses an dieser Position. Wurde bspw. sechsmal das Ereignis verschweißt (entspricht Eintrag 1 an der entsprechenden Stelle), an derselben Position in den ausgewerteten Bildern detektiert und wurden zehn Bilder berücksichtigt, so entspricht dies einer relativen Häufigkeit von 0,6 des Ereignisses, verschweißt an dieser Position.

Zur abschließenden Bewertung des Verfahrens werden typische Mikroverschweißungen in Abb. 4.3 diskutiert. Zunächst ist zu beobachten, dass die nominelle Bondfläche durch die zunehmende Verformung des Drahtes mit steigender Bondzeit zunimmt. Dies korreliert sehr gut mit dem Anstieg der in Abschn. 3.4 berechneten Scherkraft (siehe Abb. 4.5). Die ersten deutlichen Mikroverschweißungen entstehen bei ca. 45 ms an den äußeren Angriffspunkten der Wedgegeometrie am Bondwerkzeug. Dort ist aufgrund der Normalspannungsverteilung die Reibleistungsdichte am höchsten (vgl. Abb. 3.7). Mit zunehmender Bondzeit entstehen weitere Bereiche mit hoher Anbindungswahrscheinlichkeit in den Randgebieten, sodass ein deutlicher Bondring zu erkennen ist. Zum Ende des Bondprozesses erreichen auch Teilbereiche im Zentrum des Bonds eine höhere Wahrscheinlichkeit einer Verschweißung. Dies bedeutet wiederum, dass die Bondverbindung bei den hier ausgewählten

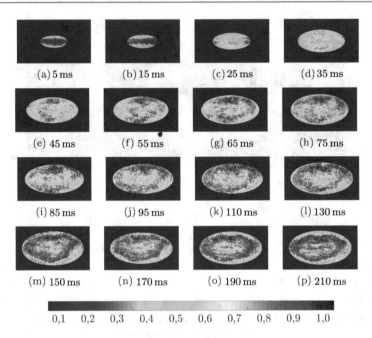

Abb. 4.3 Vergleich der relativen Häufigkeit für eine Verschweißung mit zunehmenden Bondzeiten (Messung)

Bond-Parametern von außen nach innen wächst, was häufig bei der Herstellung ähnlicher Bondverbindungen zu beobachten ist.

Die Annahme der zeitabhängigen Kontaktfläche $A_{\mathrm{eff}}(t)$ zur Berechnung des Grads der Reinigung durch $\gamma_{ij} = \frac{\Delta A_{\mathrm{eff}}}{\Delta A}$ kann durch das vorgestellte bildgebende Verfahren bestätigt werden. Arbeiten von Althoff et al. [3] deuten zusätzlich auf eine Abhängigkeit der resultierenden Bondfläche von den Bondparametern hin. Wird z. B. die Normalkraft gesenkt und die Ultraschallspannung erhöht, können auch Bereiche im Zentrum des Bonds schon zu frühen Zeitpunkten verschweißen, sodass kein Bondring zu erkennen ist. Diese Tatsache verdeutlicht die Notwendigkeit einer ortsaufgelösten Kontaktfläche zur Beschreibung der Verbindungsbildung beim Ultraschall-Drahtbonden. Eine Modellierung mittels gekoppelter Punktkontaktelemente gemäß Sextro [4] und Althoff et al. [5] ermöglicht es, diese Effekte abzubilden. Das Ergebnis dieser Modellierung ist in Abb. 4.4 zum Vergleich dargestellt. Dazu wird das in Kap. 3 vorgestellte Bondmodell mit den gleichen Prozessparametern simuliert. Der Vergleich mit den experimentellen Ergebnissen zeigt eine gute Übereinstimmung hinsichtlich der Geometrie und Position der verschweißten Elemente. Die Verbindung wächst ebenfalls von außen nach innen und zeigt einen charakteristischen Bondring. Die effektiv verschweißte Fläche A_{eff} im Interface Draht/Substrat kann durch ein Multiplizieren der relativen Häufigkeit mit dem Flächeninhalt eines Pixels berechnet werden. Unter Zuhilfenahme der in Abschn. 3.4 vorgestellten Beziehung $F_S = \tau_m A_{\mathrm{eff}}$ können die

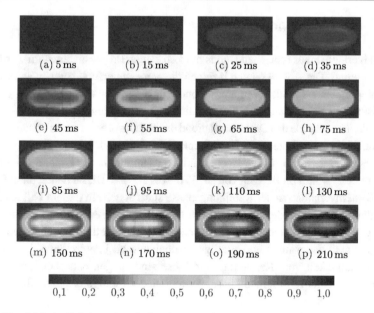

Abb. 4.4 Vergleich der Reinigungsgrade für einen Bond mit zunehmenden Bondzeiten (Berechnung)

berechneten Scherfestigkeiten mit den gemessenen Scherkraftverläufen aus Schertests verglichen werden (siehe Abb. 4.5).

Ein häufig beobachtbarer Effekt ist, dass der Bonddraht erst nach einer Bonddauer von einigen Millisekunden auf der Oberfläche des Substrates verschweißt. Dieser Punkt ist ab ca. 45 ms zu erkennen. Nach einem starken Anstieg der Scherfestigkeit zu Beginn des Prozesses ist ab ca. 150 ms ein gesättigter Verlauf erkennbar. Hier sind schon große Teilbereiche der Verbindung verschweißt, sodass die restlichen *unverschweißten* Bereiche nur mit sehr viel Energieeintrag weiter verschweißt werden können. Je länger der Bondvorgang dauert, desto ineffizienter ist der weitere Verbindungsaufbau.

Abb. 4.5 Verlauf der Scherkraft F_S mit zunehmender Bondzeit für bildgebendes Verfahren und Referenzmessung durch Schertests

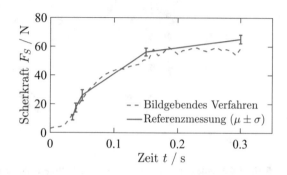

4.2   Simulierter Bondprozess

Die Signalverläufe eines typischen Bonds mit konstanten Prozessparametern werden nachfolgend simuliert. Die Abb. 4.6a und b zeigen die gemessenen und berechneten Geschwindigkeitsamplituden als Hüllkurven eines Bonds für die Messpunkte Werkzeug und Draht. Die Messungen zeigen, dass sich die Amplitude des Werkzeugs, im Gegensatz zur Geschwindigkeitsamplitude des Drahtes, während des Bondprozesses kaum ändert. Das deutet darauf hin, dass eine geringe Lastempfindlichkeit der Sonotrode bezüglich steigender Reibkräfte vorliegt. Das Signal für die Geschwindigkeitsamplitude des Drahtes zeigt hingegen einen deutlichen Abfall im Bereich von ca. 30 ms bis 100 ms. Dieser deutet darauf hin, dass sich das Systemverhalten in der Reinigungsphase stark ändert. In diesem Fall resultiert daraus ein deutlicher Abfall der Amplitude des Drahtes und ein Anstieg der Tangentialkraft. Die starken Änderungen tauchen systematisch bei der Auswertung verschiedener Messungen auf und sind daher nicht als zufällige Erscheinung zu interpretieren. Es ist denkbar, dass in Abhängigkeit vom Reinigungsgrad diese Änderungen entstehen und als Indikator für das Ende einer bestimmten Phase, vermutlich der Reinigungsphase, dienen können.

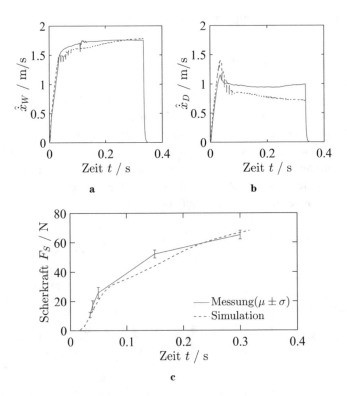

Abb. 4.6 Gemessene und berechnete Verläufe eines normalen Bonds (Geschwindigkeitsampl. an Bondwerkzeugspitze $\hat{x}_W$, Geschwidkeitsampl. Draht $\hat{x}_D$ und Scherkraft F_S)

Der Amplitudenabfall ist auch in den Arbeiten von Osterwald zum Dünndrahtbonden [6] für das Signal der Werkzeugschwingung diskutiert worden. Er hebt hervor, dass die Dämpfung der Werkzeugschwingung ein Indiz für den Beginn der Verschweißung ist. Eine erfolgreiche Verbindungsbildung ist bei einer nicht vorhandenen Dämpfung folglich unwahrscheinlich. Da sowohl die vorgestellte Messung als auch die vorgenommene Berechnung ein solches Verhalten zeigen, kann diese Aussage bezüglich der Geschwindigkeitsamplituden für das Bonden im Dickdrahtbereich ebenfalls bestätigt werden.

Der Zeitverlauf der Scherfestigkeit ist in Abb. 4.6c dargestellt. Die Anbindungsbedingung ist erstmalig ab ca. 45 ms erfüllt, sodass zu diesem Zeitpunkt im Interface die ersten Mikroverschweißungen entstehen können. Mit zunehmender Bonddauer steigt der Scherwert bis zu seinem Maximalwert an. Experimente mit deutlich längeren Bonddauern als 335 ms zeigen, dass darüber hinaus keine signifikante Zunahme der Festigkeit mehr zu beobachten ist, dass aber auch mit keinem nennenswerten Abfall der Scherfestigkeit aufgrund etwaiger Schädigungen von bereits verschweißten Teilflächen zu rechnen ist.

Abschließend lässt sich sagen, dass die entscheidenden physikalischen Prozesse wie die zeitlich und örtlich aufgelöste Anbindung des Drahtes mit dem vorgestellten Modell in guter Übereinstimmung mit Messungen abgebildet werden können. Unter Beachtung der Randbedingungen kann das Modell und die entsprechenden Modellparameter also als validiert bezeichnet werden.

Literatur

1. DEUTSCHER VERBAND FÜR SCHWEIßTECHNIK: Prüfverfahren für Drahtbondverbindungen. In: *Merkblatt DVS* 2811 (1996)
2. UNGER, A. ; SCHEMMEL, R. ; MEYER, T. ; EACOCK, F. ; EICHWALD, P. ; ALTHOFF, S. ; SEXTRO, W. ; BRÖKELMANN, M. ; HUNSTIG, M. ; GUTH, K.: Validated Simulation of the Ultrasonic Wire Bonding Process. In: *IEEE CPMT Symposium Japan (ICSJ)*, 2016
3. ALTHOFF, S. ; NEUHAUS, J. ; HEMSEL, T. ; SEXTRO, W.: A friction based approach for modeling wire bonding. In: *International Symposium on Microelectronics* International Microelectronics Assembly and Packaging Society, 2013 (1), S. 208–212
4. SEXTRO, W.: *Dynamical contact problems with friction*. 2. Springer, 2007
5. ALTHOFF, S. ; NEUHAUS, J. ; HEMSEL, T. ; SEXTRO, W.: Improving the bond quality of copper wire bonds using a friction model approach. In: *64th IEEE Electronic Components and Technology Conference (ECTC)*, 2014, S. 1549–1555
6. OSTERWALD, F.: *Verbindungsbildung beim Ultraschall-Drahtbonden: Einfluß der Schwingungsparameter und Modellvorstellungen*, Technische Universität Berlin, Diss., 1999

Mehrzieloptimierung und Verhaltensanpassung am Bondautomaten

Tobias Meyer, Andreas Unger, Matthias Hunstig und Michael Brökelmann

Der Ultraschallreibschweißprozess des Drahtbondens reagiert sehr empfindlich auf Veränderungen der Prozessparameter, der Umgebungsbedingungen und der Kontaktpartner. Während Prozessparameter bekannt und deterministisch sind, sind Umgebungsbedingungen nur schwierig zu bestimmen und die Abweichungen der metallurgischen Eigenschaften der Kontaktpartner von ihren nominellen Werten sogar völlig unbekannt. Alle Veränderungen wirken sich aber letzten Endes auf die erreichbare Qualität der fertigen Verbindung aus, die maßgeblich über die Scherfestigkeit und die Dauerhaltbarkeit charakterisiert wird.

Derartige Schwankungen sind in der Fertigung von Leistungshalbleitermodulen unerwünscht. Das aktuelle Vorgehen zur Sicherstellung der Qualität von Bondverbindungen für Leistungshalbleitermodule basiert auf der empirischen Bestimmung eines Parametersatzes. Dieser darf trotz veränderter Prozessbedingungen nur minimal angepasst werden und muss somit robust gegenüber deterministischen Störgrößen sein. Da der Bondprozess für Kupferdraht wesentlich sensitiver reagiert als der für Aluminiumdraht, ist die Wahl eines Parametersatzes immer ein Kompromiss.

T. Meyer (✉)
Bereich Anlagen- und Systemtechnik, Frauenhofer IWES, Bremerhaven, Deutschland
E-Mail: tobias.meyer@iwes.fraunhofer.de

A. Unger · M. Hunstig · M. Brökelmann
Vorentwicklung, Hesse GmbH, Paderborn, Deutschland
E-Mail: andreas.unger@hesse-mechatronics.com

M. Hunstig
E-Mail: matthias.hunstig@hesse-mechatronics.com

M. Brökelmann
E-Mail: michael.broekelmann@hesse-mechatronics.com

© Springer-Verlag GmbH Deutschland, ein Teil von Springer Nature 2019
W. Sextro und M. Brökelmann (Hrsg.), *Intelligente Herstellung zuverlässiger Kupferbondverbindungen,* Intelligente Technische Systeme – Lösungen aus dem Spitzencluster it's OWL, https://doi.org/10.1007/978-3-662-55146-2_5

Eine auf vorab formulierten Zielen basierte Auswahl des aktuellen Parametersatzes während des Betriebs verspricht daher einen großen Gewinn für die Prozessstabilität und die erreichte Qualität der gefertigten Verbindungen. Dazu muss allerdings zunächst eine Menge möglicher Parametersätze bestimmt werden, zwischen denen dann während des Betriebs ausgewählt wird. Dazu wird modellbasierte Mehrzieloptimierung genutzt, deren Ziel es ist, mehrere als Zielfunktion formulierte Ziele zugleich zu minimieren, vgl. Abschn. 2.4. Stehen diese Ziele im Konflikt miteinander, ist eine gemeinsame Minimierung nicht möglich. Stattdessen wird dann eine Menge möglicher Kompromisse gefunden, deren Zielwerte gemeinsam die Paretofront ergeben. Alle in dieser Menge enthaltenen Punkte sind gleichwertig; erst eine Priorisierung der einzelnen Ziele ermöglicht eine Auswahl. Da die Berechnung der möglichen Kompromisse vorab offline möglich ist, während die Priorisierung zur Laufzeit erfolgt, ist eine Trennung in die langwierigen, nicht echtzeitfähigen Berechnungen und die schnelle Anpassung möglich. Diese Trennung findet sich auch in der Informationsverarbeitung wieder, die auf verschiedene Computersysteme und Softwarekomponenten aufgeteilt wird. Ein besonderer Fokus liegt dabei auf der Wiederverwertung bestehender Softwarekomponenten, um die Wahrscheinlichkeit des Auftretens neuer Fehler zu reduzieren. Die Verhaltensanpassung benötigt neben möglichen Kompromissen, aus denen ausgewählt wird, auch Informationen über den realen Systemzustand. Die folgenden Abschnitte gehen daher auf die wesentlichen Komponenten im Detail ein.

5.1   Modellbasierte Mehrzieloptimierung

Eine modellbasierte Verhaltensanpassung ermöglicht die Bestimmung möglicher Parametersätze, die unterschiedliche Kompromisse bezüglich der Ziele wiedergeben. Die zu allen Kompromissen gehörigen Zielwerte ergeben die Paretofront. Über dedizierte Mehrzieloptimierungsalgorithmen kann die Paretofront auch für komplexe Zielfunktionen gefunden werden. Als Grundlage einer modellbasierten Mehrzieloptimierung dient dabei das in Kap. 3 vorgestellte Modell des Bondprozesses, das die Abhängigkeiten der einstellbaren Prozessparameter auf die betrachteten Zielwerte über eine Simulation vollständig abbildet. Zu allen Punkten der Paretofront gibt es zugehörige Systemparameter, die als *Paretomenge* bezeichnet werden. Während des Betriebs wird dann aus der Paretofront der zur aktuell gewählten Zielpriorität passende Punkt ausgewählt und der zugehörige Parametersatz aus der Paretomenge im System ausgewählt [1]. Da das während der Optimierung zugrundegelegte Modell den tatsächlichen Prozess abbildet, sind die Parameter direkt übertragbar und können in der Bondmaschine für den laufenden Prozess eingestellt werden.

Beim Ultraschall-Drahtbondprozess ist das Hauptziel, eine gute Bondverbindung mit hoher Festigkeit herzustellen. Weitere Ziele sind die Minimierung von Werkzeugverschleiß, Werkzeugaufsetzern (auch „Bondtoolaufsetzer") und Prozesszeit, d. h. eine Maximierung der Effizienz. Während der Mehrzieloptimierung werden diese Größen aus Simulationsergebnissen berechnet. Während des Betriebs müssen sie jedoch aus tatsächlich anfallenden Daten bestimmt werden, um die Erreichung des gewünschten Zielkompromisses zu überprüfen und gegebenenfalls den Betriebspunkt nachzujustieren.

Für das Ziel die Bondfestigkeit zu maximieren ist die Bestimmung des Anbindungsgrads des Bonds entscheidend. Er wird aus Ergebnissen des Reib- und des Anbindungsmodells berechnet (Abschn. 3.4).

Zur Berechnung des *Werkzeugverschleißes* wird ein Verschleißmodell nach Archard genutzt. Danach ist der Volumenabtrag proportional zur Normalkraft und relativen Gleitdistanz der Reibpartner. Die Bewegung von Werkzeug und Draht wird durch ein umfangreiches Modell der mechanischen Schwingungen abgebildet, siehe auch Abschn. 3.5. Als Ergebnis einer Simulation steht dabei der vollständige Zeitverlauf der Werkzeugposition und der Drahtposition zur Verfügung. Aus ihnen kann die gesamte Gleitdistanz bestimmt werden. In Referenzversuchen wurde zusätzlich ein prozessspezifischer Verschleißkoeffizient für ein definiert verschlissenes Werkzeug bestimmt. So kann das abgetragene Verschleißvolumen für eine Bondverbindung gemäß der aktuell eingestellten Prozessparameter berechnet werden. Die somit bestimmte Schädigung des Werkzeugs für einen Bond kann zur Bestimmung der verbleibenden Gesamtlebensdauer des Werkzeugs genutzt werden.

Ein weiteres, für die Qualität maßgebliches Ziel ist die *Wahrscheinlichkeit von Werkzeugaufsetzern*. Diese entstehen, wenn das Werkzeug sich während des Prozesses so weit absenkt, dass der Werkzeugfuß das Substrat berührt. Die Absenkung des Werkzeugs wird maßgeblich über das Ultrasonic Softening beeinflusst, das eine Deformation des Kupferdrahts bei den vergleichsweise geringen herrschenden Kräften durch eine lokale Erweichung des Materials überhaupt erst ermöglicht. Ultrasonic Softening ist ein transientes Phänomen, das durch eingebrachte mechanische Schwingungen hervorgerufen wird. Mit dem Ende der Schwingungen endet auch die Erweichung schlagartig wieder, sodass die veränderten Materialparameter nicht messbar sind. Aufgrund dieser Schwierigkeiten bei der Beobachtung und Messung des Effekts wurden maschinelle Lernverfahren zur Modellierung herangezogen, siehe Abschn. 3.1. Diese bilden die Prozessparameter auf die Absenkung des Werkzeugs ab und können somit auch um eine Berechnung der Wahrscheinlichkeit von Bondtoolaufsetzern erweitert werden. Dazu werden die berechneten Drahtdeformationskurven bezüglich ihrer Ausprägung ausgewertet. Je höher die maximale Drahtdeformation ist, desto wahrscheinlicher ist ein Bondtoolabdruck. Entspricht die Absenkung des Werkzeuges während des Bondens dem initialen Abstand zum Substrat (hier ca. 230 μm), liegt die Wahrscheinlichkeit für einen Bondtoolaufsetzer bei 100 %.

Das letzte der vier berücksichtigten Ziele ist die Minimierung der *Prozesszeit*. Hierbei ist keine Berechnung notwendig, da diese als Prozessparameter vorgegeben ist.

Das in dieser Arbeit verwendete Verfahren zur Mehrzieloptimierung des Ultraschallbondprozesses besteht aus mehreren Schritten. Zunächst werden Optimierungsgrenzen definiert, die den Parameterraum eingrenzen. Typischerweise können beim Ultraschall-Drahtbonden die Verläufe der Bondparameter *Normalkraft* und *Ultraschallspannung* beliebige Trajektorien annehmen. Die reale Umsetzung innerhalb der verwendeten Bondmaschine vom Typ BJ939 der Hesse GmbH beschränkt die Vorgabe auf mehrere Phasen mit Rampen, die somit jeweils über drei Parameter definiert werden: Wert des Prozessparameters, Dauer der Phase, Dauer der Rampe. Würden alle bestehenden Freiheiten in der Optimierung genutzt, wäre das Optimierungsproblem aufgrund der hohen Dimensionalität und der komplexen Zielfunktion nicht mehr praktikabel lösbar. Stattdessen wird ein typischer Bondparametersatz in einem definierten Gültigkeitsbereich skaliert und die Prozessdauer durch Abschneiden am Ende variiert. Der gewünschte Wertebereich wird anschließend evaluiert, indem das Prozessmodell simuliert und resultierende Zielfunktionswerte ausgewertet werden. Als Ergebnis stellt das Verfahren die Paretofront bereit, die alle pareto-optimalen Kombinationen zusammenfasst und sich dadurch auszeichnet, dass eine Verbesserung eines Zielwertes immer eine Verschlechterung eines anderen Zielwertes mit sich bringt.

Abb. 5.1 zeigt die Abhängigkeit ausgewählter gegenläufiger Ziele. Gut erkennbar ist, dass beliebige Parameterwerte nur eine eng umgrenzte Menge im Zielraum ergeben (blau dargestellte Punkte). Dem gegenüber gestatten die dominierenden Punkte, also die tatsächlichen Pareto-optimalen Lösungen (rot dargestellt) kaum eine Einschränkung des erreichbaren Bereichs. In Abb. 5.1a ist zu erkennen, dass steigende Bonddauern die Festigkeit verbessern, d. h. der Zahlenwert für die negative Scherkraft F_S sinkt. Das Gleiche gilt für hohe Ultraschallspannungen (siehe Abb. 5.1b). Dieses Verhalten ist darauf zurückzuführen, dass die Reibleistung mit der Erhöhung des jeweiligen Parameters zu steigenden Reinigungsgraden im Modell führt und folglich die Flächenelemente schneller verschweißen können. Die in der Abb. 5.1c dargestellte Paretofront verdeutlicht zudem, dass die beiden Ziele *Maximierung der Scherkraft* und *Maximierung der Lebensdauer* gegenläufige Ziele sind und somit nur Kompromisslösungen gefunden werden können. Dies entspricht auch der physikalischen Anschauung, da größere Scherfestigkeiten nur mit hohen US-Spannungen erzielt werden können. Je größer die eingebrachte Leistung ist, desto größer sind aber die Verschleißraten am Bondwerkzeug (siehe Gl. (3.14)). Die berechneten Paretofronten für Bondtoolabdrücke entsprechen ebenfalls den zu erwartenden Ergebnissen. Mit zunehmender Ultraschallspannung und Normalkraft im Bondprozess treten mit erhöhter Wahrscheinlichkeit Bondtoolaufsetzer auf (0 % entspricht keinem Bondtoolaufsetzer, 100 % entspricht einer hohen Wahrscheinlichkeit für einen Bondtoolaufsetzer). Die Wahrscheinlichkeit eines Aufsetzers hängt dabei stark vom Ergebnis der berechneten Drahthöhenabnahme ab, in Abb. 5.1f ist eine Systematik aber gut erkennbar. Der Draht wird durch größere Ultraschallspannungen und Normalkräfte stärker verformt, sodass die Gefahr eines Bondtoolaufsetzers größer wird. Alle dargestellten Ergebnisse verdeutlichen den Vorteil einer Mehrzieloptimierung, da derartige pareto-optimale Parameterkombinationen in der Praxis nur mit sehr großem Aufwand zu erkennen wären.

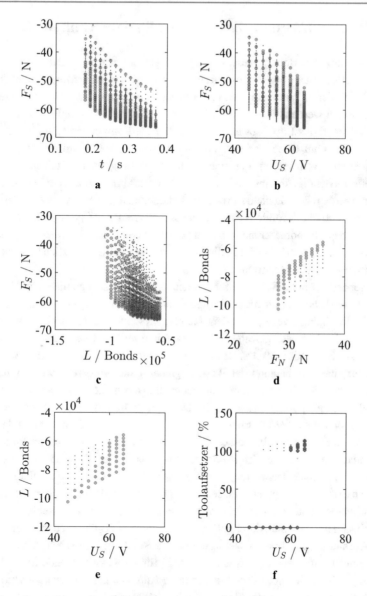

Abb. 5.1 Wechselwirkungen der Zielgrößen Bondfestigkeit (negativer Scherkraft F_S), Werkzeugverschleiß (neg. Lebensdauer L), Bondtoolaufsetzer (Wahrscheinlichkeit), Bondzeit t. Blau: Technisch erreichbare Zielkompromisse. Rot: Optimale Zielkompromisse

5.2   Implementierung einer Kommunikationsschnittstelle

Die Beeinflussung des Bondprozesses erfolgt bei gewöhnlichen Bondautomaten durch die direkte manuelle Eingabe von Prozessparametern an einem Bedienerdisplay oder durch Auswahl vorab definierter Parametersätze über ein zentrales Produktionsdatenmanagementsystem. In der Regel werden diese Parameter für die gesamte Werkzeuglebensdauer konstant gehalten. Während des Prozesses ändern sich aber die Rahmenbedingungen für das Bonden stetig, sodass auf diese Änderungen reagiert werden sollte, um eine anhaltend hohe Bondqualität zu gewährleisten. Für eine solche Anpassung zur Laufzeit ist eine spezielle Schnittstelle notwendig, die eine laufend aktualisierte externe Vorgabe der Parameter ermöglicht. Dazu wurde das bestehende Produktionsdatenmanagementsystem der Hesse GmbH erweitert. Wesentliche Vorteile dieser Vorgehensweise sind die geringe Tiefe der Anpassung innerhalb der Bondmaschine selbst und das Beibehalten aller Überwachungsroutinen. Dadurch ist sichergestellt, dass durch die Veränderungen keine zusätzlichen Risiken für die Fertigungsmaschine selbst auftreten.

Die angepasste Bonder-Software fordert neue Parameter in regelmäßigen Abständen an und stellt diese Parameter für die nachfolgenden Bondverbindungen bereit. Dabei werden während der Fertigung zwei verschiedene Referenzsysteme genutzt: in einem wird die Auswirkung variabler Parameter getestet, in einem zweiten werden Referenzbonds mit statischen Parametern zur Evaluation gesetzt. Das Referenzsystem mit diesen statischen Bondparametern kann für eine Abschätzung der Werkzeuglebensdauer eingesetzt werden, da sich die darin enthaltenen Bondparameter im laufenden Betrieb nicht verändern. Zur Bewertung des aktuellen Arbeitspunktes wird auf die Daten einer bereits in der Maschine integrierten Qualitätskontrolle *(PiQC)* zurückgegriffen. Ein externes *PiQC*-System sendet dazu die Rohdaten an einen externen Prozessbeobachter. Der Prozessbeobachter bestimmt aus den *PiQC*-Rohdaten die aktuellen Zielwerte des Systems, sodass diese mit den berechneten und optimalen Zielfunktionswerten verglichen werden können. Das alles findet auf einem zusätzlichen externen Computer statt, sodass die Dynamikregler in der Bondmaschine nicht beeinflusst werden und somit unsichere Betriebszustände ausgeschlossen werden können [1]. Gemeinsam mit der vorab durchgeführten Optimierung ergibt sich damit der in Abb. 5.2 gezeigte Aufbau der Informationsverarbeitung. Es ist deutlich zu sehen, dass die Struktur eines Operator-Controller-Moduls, wie sie in [2] für selbstoptimierende Systeme vorausgesetzt wird, mit einigen spezifisch notwendigen Anpassungen eingehalten wird. Die drei Ebenen *Kognitiver Operator,* der die eigentliche zielbasierte Anpassung mittels Selbstoptimierung umsetzt, *Reflektiver Operator* als Mittler und *Controller* als unterste Ebene werden dabei durch unterschiedliche Computersysteme realisiert. Die unveränderte Steuerung der Bondmaschine, die Fehlererkennungsroutinen und die in Hardware vorhandenen Regelsysteme ergeben die Controller-Ebene. Messwerte und Prozessparameter werden über die eigens entwickelte Schnittstelle, die über einen PBS-Server auf einem dedizierten Computer aufgebaut ist, mit einem weiteren externen Computer ausgetauscht. Auf diesem werden die Daten in Matlab ausgewertet, real erreichte Zielfunktionswerte bestimmt und der angepasste

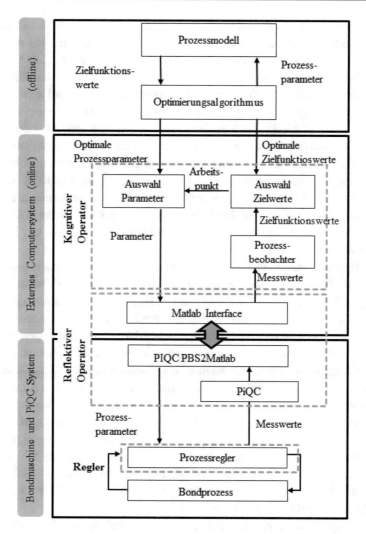

Abb. 5.2 Informationsverarbeitung der selbstoptimierenden Bondmaschine, strukturiert als Operator-Controller-Modul (angelehnt an NAUMANN [2])

Arbeitspunkt mit den zugehörigen Prozessparametern ausgewählt. Die Auswahl basiert auf Optimierungsergebnissen, die durch Nutzung eines Supercomputers offline erzielt wurden.

5.2.1 Bestimmung der Zielgrößen aus Prozessdaten

Werkzeugverschleiß und *Werkzeugaufsetzer* sind Störgrößen mit hoher Signifikanz für den Kupferbondprozess. Der sinnvolle Kompensationsraum zur Beeinflussung dieser Störgrößen wurde experimentell ermittelt und dient als Randbedingung für die Mehrzieloptimierung. Werkzeugaufsetzer entstehen, wenn der Draht zu stark verformt wird und das Werkzeug während des Bondprozesses den Untergrund, d. h. das Substrat, berührt. Zu viel Ultraschallspannung und/oder Bondkraft sowie Werkzeugverschleiß begünstigen diese Bondaufsetzer. Dieser Fehler äußert sich durch Abdrücke der Werkzeugunterseite auf dem Substrat und tritt im laufenden Betrieb normalerweise nur bei einem stark verschlissenen Bondwerkzeug auf. Wie in Abb. 3.6a gezeigt, wird das Bondwerkzeug beim Kupfer-Dickdrahtbonden im Laufe der Zeit durch die Reibung mit dem Draht ausgewaschen und taucht daraufhin immer tiefer ab. Ist die Auswaschung im Werkzeug tief genug, so setzt es auf dem Substrat auf und hinterlässt Abdrücke. Andere mögliche Fehlerquellen sind unpassende Bondparameter, also z. B. eine zu hohe Bondkraft oder US-Spannung oder eine zu lange Bondzeit. Tritt mindestens einer dieser Fälle auf, so wird der Draht so stark verformt, dass die Werkzeugunterseite auf dem Substrat aufsetzt und hier direkt US-Schwingungen einkoppelt. Das Substrat wird also direkt verformt und es entstehen Abdrücke.

In der Produktion von Bondverbindungen sind Werkzeugabdrücke unerwünscht und sollen durch eine gezielte Verhaltensanpassung verhindert werden. Aus diesem Grund ist es notwendig, die Häufigkeit der Werkzeugaufsetzer im Prozess zu schätzen. Die Schätzung kann durch Auswertung von Maschinensignalen erfolgen. Dazu müssen charakteristische Signalverläufe zur Ermittlung von Aufsetzern identifiziert werden. Zahlreiche Versuche zeigen, dass Unstetigkeiten in den Maschinensignalen insbesondere im Moment des Kontakts mit dem Untergrund auftreten. Hierdurch ist eine Aussage *Aufsetzer ja/nein*, interpretiert als 1 oder 0, sowie eine Ermittlung des Aufsetzzeitpunktes möglich. Die Anzahl und Ausprägung von Werkzeugaufsetzern bei statischen, nicht von der Maschine veränderlichen Parametern kann somit als Maß des aktuellen Verschleißzustands genutzt werden. Hierfür werden mehrere Bonds mit diesen statischen Referenzparametern mit jeweils ansteigender US-Spannung gebondet. Während bei einem unverschlissenen Werkzeug Abdrücke erst bei sehr hohen US-Spannungen auftreten, geschieht dies mit zunehmendem Verschleiß zeitlich immer früher und/oder bei kleineren US-Spannungen. Hieraus wird im Parameterschätzer auf den aktuellen Verschleißzustand geschlossen.

Abb. 5.3 zeigt die im Langzeitbetrieb beobachtete Auswirkung des Verschleißes auf einen berechneten *Health Index HI* des Bondwerkzeugs bis 85.000 Einzelbonds. Die Berechnung des Health Index ist angelehnt an das von Bröckelmann [3] vorgestellte Verfahren zur Online-Berechnung von Qualitätsindizes für Ultraschall-Drahtbondprozesse. Innerhalb der Bondmaschine wird so eine Qualitätsbewertung der hergestellten Bondverbindung durchgeführt. Aus dem Prozess mit seinen schwankenden Randbedingungen resultiert eine Streuung des Signals der Drahthöhenabnahme. Um stochastische Variationen des Health Indexes zu kompensieren, wird in einem abschließenden Schritt ein KALMAN-Filter genutzt, um die Varianz im Prozess zu eliminieren und somit eine bestmögliche Schätzung des Verschleißes zu gewährleisten. Der verwendete KALMAN-Filter arbeitet dazu mit einem zweistufigen Verfahren: Zuerst wird der Wert für den Health Index vorausgesagt und dann wird die bekannte Abweichung verwendet, um die Schätzung zu verfeinern. Dies führt oft zu einem

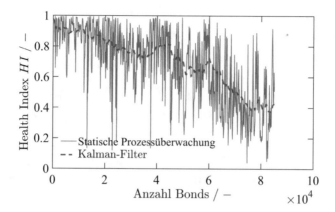

Abb. 5.3 Langzeitbeobachtung des Health Index *HI* für ein Bondwerkzeug

besseren Ergebnis der Berechnung als ohne KALMAN-Filter. Das vorgestellte Verfahren wird dazu genutzt, um den abgeleiteten Health Index mit den simulierten Werkzeuglebensdauern $L_{ges}(V)$ (vgl. Gl. (3.16), S. 42) zu vergleichen. Sofern es zu einer Abweichung kommt, können die Prozessparameter angepasst werden.

Neben den beiden beobachtbaren Zielgrößen *Werkzeugverschleiß* und *Werkzeugaufsetzer* ist es notwendig die Bondfestigkeit der Bondverbindung in Form einer *Scherkraft* zu bestimmen. Die automatische Bestimmung der Scherkraft während des Betriebs ist jedoch mit dem aktuellen Stand der Technik nicht möglich und erfolgt daher noch manuel.

5.2.2 Zielgrößen-Priorisierung

Für die Verhaltensanpassung der Bondmaschine bedarf es einer Priorisierung der einzelnen Zielgrößen durch den Bediener. Da die Qualität der Bondverbindung i. d. R. die wichtigste Zielgröße ist, wird eine vom Bediener vorgegebene Mindestfestigkeit als Nebenbedingung in der Optimierung berücksichtigt. Unter Beachtung dieser Einschränkung kann nun ein optimaler Betriebspunkt bezüglich der weiteren Zielfunktionen gewählt werden. Durch die Wahl des optimalen Betriebspunkts ergeben sich automatisch die jeweiligen Prozessparameter. Die Auswahl der Ziele z_i durch den Bediener soll nicht zu ungewollten Prozessvorgängen wie z. B. dem Zerstören eines Chips führen, weshalb der zur Auswahl bereitgestellte Raum sinnvoll eingeschränkt wird. Da die wählbaren Ziele teilweise unterschiedliche Größenordnungen aufweisen, findet eine Normierung der Zielwerte statt. Dies lässt sich durch

$$r_i = \frac{z_i - z_i^{\min}}{z_i^{\max} - z_i^{\min}} \tag{5.1}$$

Abb. 5.4 Beispiel für die
Auswahl pareto-optimaler
Punkte $\bar{r}_1$ und $\bar{r}_2$ aus einer
Paretofront mittels
Bestimmung des kleinsten
Abstands a zu den
vorgegebenen Sollwerten S_1
und S_2

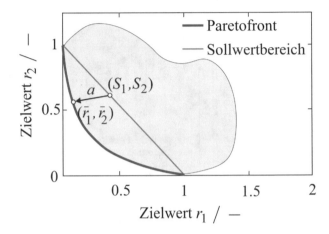

erreichen. Die Werte für z_i^{min} und z_i^{max} entsprechen den minimalen bzw. maximalen erreichbaren Zielwerten. Überdies gilt für die normierten Zielwerte $0 \leq r_i \leq 1$. Der Bediener gibt dann die Auswahl des Betriebspunkts über diese Zielwerte vor. Die minimal und maximal einzustellenden Wertebereiche liegen ebenfalls zwischen 0 und 1. Da alle Ziele einem Kompromiss unterliegen, muss die Summe aller Sollwerte $S_i = 1$ sein:

$$\sum_{i=1}^{n} S_i = 1$$

Um von den jeweils ausgewählten Sollwerten S_i auf die normierten Zielwerte in der Paretofront zu gelangen, werden die Zielwerte $\bar{r}_i$ auf der Paretofront ausgewählt, die den kleinsten Abstand a zu den ausgewählten Punkten S_i besitzen. Die Abb. 5.4 zeigt ein Beispiel für die Bestimmung eines pareto-optimalen Betriebspunktes $\bar{r}$ bei der Vorgabe der beiden Sollwerte S_1 und S_2 für die beiden normierten Ziele r_1 und r_2. Der Punkt auf der Paretofront mit dem geringsten linearen Abstand a zu den ausgewählten Positionen des Sollwerts entspricht dem besten Kompromiss der beiden normierten Ziele. Die Wahl des Zielkompromisses und daraus die Wahl des Pareto-optimalen Kompromisses entscheidet auch über die zugehörigen Prozessparameter. Diese werden aus der Paretomenge bestimmt und über die Kommunikationsschnittstelle an die Bondmaschine gesendet.

5.3 Einsatz einer Verhaltensanpassung am Bondautomaten

Um eine Anpassung der Ziele durch einen Bediener aufgrund veränderter Einflüsse zu ermöglichen, wurde ein Prototyp in Form einer modifizierten Bondmaschine aufgebaut. Dazu gehört eine Benutzerschnittstelle, die es ermöglicht, die Priorisierung der Ziele einzustellen. Da zum heutigen Zeitpunkt die quantitativen Scherfestigkeiten nicht mit den Maschinensignalen gemessen werden können und somit die Scherfestigkeiten dem Prozessbeobachter nicht zur Verfügung stehen, ist es notwendig, die aktuellen Scherfestigkeiten mittels Schertests zu bestimmen und dem Prozessbeobachter zugänglich zu machen. Dies wird realisiert, indem eine Abfrage des aktuellen Scherwertes in definierten Zeitabständen von der Maschine getätigt wird und der Benutzer den Schertwert in-situ misst und in ein Benutzerinterface eingibt. Die vom Prozessbeobachter tatsächlich ermittelten Zielgrößen für Scherkraft, Werkzeugverschleiß, Bondtoolaufsetzer und Prozesszeit werden anschließend mit den optimalen Zielfunktionswerten aus dem Prozessmodell verglichen und in einer Benutzerschnittstelle dargestellt (siehe Abb. 5.5). Der Benutzer kann somit selbst entscheiden, welche Ziele für die zukünftigen Bondverbindungen priorisiert werden sollen. Eine Änderung der Zielpriorisierung kann besonders dann vorteilhaft sein, wenn es zu kritischen Projektsituationen kommt. Muss bspw. ein Produkt aufgrund von engen Lieferfristen besonders schnell gefertigt werden, kann der Werkzeugverschleiß geringer und die Bondzeit höher priorisiert werden. Im Gegensatz dazu, kann bei einem Normalbetrieb oder einem Mangel an Bedienerpersonal der Prozess so priorisiert werden, dass die Häufigkeit der Werkzeugwechsel reduziert wird.

Zur Auswertung der aktuellen Prozessdaten werden die letzten Prozessanpassungen angezeigt, sodass eine Steigerung der Benutzerfreundlichkeit und Benutzerakzeptanz gefördert wird. Es kann zwischen dem statischen und dynamischen Referenzsystem umgeschaltet werden, sodass jederzeit die aktuellen Prozessdaten dem Benutzer zur Verfügung stehen.

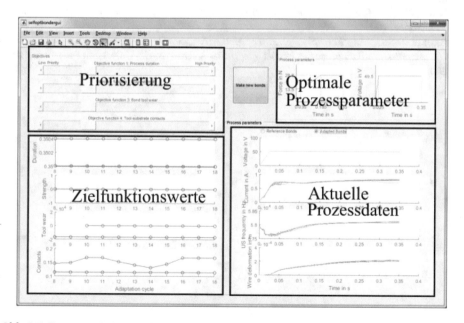

Abb. 5.5 Benutzerschnittstelle für die Verhaltensanpassung einer Bondmaschine

Die Möglichkeit einer Verhaltensanpassung der Bondmaschine ermöglicht es, auf die Stör-größen *Verschleiß des Bondwerkzeugs* und *Bondtoolaufsetzer* zu reagieren und diese im Idealfall kompensieren zu können. Durchgeführte Kurzzeittests zeigen, dass das System die gewünschte Verbesserung bzgl. des Prozesses und der Zuverlässigkeit aufweist. Für die Zukunft sind jedoch Langzeittests notwendig, in denen diese unter realen Fertigungsbedin-gungen auch über eine längere Zeit beobachtet wird.

Diese Studie hat gezeigt, dass der Einsatz von Verfahren der Verhaltensanpassung und Methoden der Mehrzieloptimierung in Kombination mit einer detaillierten physikalischen Prozessmodellierung zum Ultraschalldrahtbonden geeignet sind, die gewünschte Herstel-lung zuverlässiger Kupferbondverbindungen zu erreichen. Diese Technologie hat ein hohes Potenzial die Produktionseffizienz zu steigern, Kosten zu senken und nicht zuletzt Qualität zu gewährleisten. Sollten die weiteren Entwicklungen positiv verlaufen und die Herausfor-derungen zur industriellen Qualifikation überwunden werden, könnte ein solches System in Zukunft zu einem Standard werden.

Literatur

1. MEYER, T. ; UNGER, A. ; ALTHOFF, S. ; SEXTRO, W. ; BRÖKELMANN, M. ; HUNSTIG, M. ; GUTH, K.: Reliable Manufacturing of Heavy Copper Wire Bonds Using Online Parameter Adaptation. In: *2016 IEEE 66th Electronic Components and Technology Conference (ECTC)* IEEE, 2016, S. 622–628
2. NAUMANN, R.: *Modellierung und Verarbeitung vernetzter intelligenter mechatronischer Systeme.* VDI-Verlag, 2000
3. BRÖKELMANN, M.: *Entwicklung einer Methodik zur Online-Qualitätsüberwachung des Ultraschall-Drahtbondprozesses mittels integrierter Mikrosensorik*, Universität Paderborn, Diss., 2008

Zusammenfassung

6

Andreas Unger, Matthias Hunstig, Michael Brökelmann,
Tobias Meyer, Simon Althoff, Olaf Kirsch und
Reinhard Schemmel

Ziel des Projektes „Intelligente Herstellung zuverlässiger Kupferbondverbindungen"
(InCuB) war es, die vielversprechende Technologie des Kupferdrahtbondens nicht nur für
einzelne Anwendungen, sondern für eine zuverlässige Massenfertigung in verschiedenen
Anwendungsbereichen zu erschließen. Als Lösungsansatz wurde eine Verhaltensanpassung
der Bondmaschine während des Prozesses angestrebt. Es sollte ein Bondautomat in die Lage
versetzt werden, trotz veränderlicher deterministischer Randbedingungen, Pareto-optimale
Betriebspunkte so auszuwählen, dass die vom Bediener priorisierten Ziele durchgängig

A. Unger (✉) · M. Hunstig · M. Brökelmann
Vorentwicklung, Hesse GmbH, Paderborn, Deutschland
E-Mail: andreas.unger@hesse-mechatronics.com

M. Hunstig
E-Mail: matthias.hunstig@hesse-mechatronics.com ·

M. Brökelmann
E-Mail: michael.broekelmann@hesse-mechatronics.com ·

T. Meyer
Bereich Anlagen- und Systemtechnik, Frauenhofer IWES, Bremerhaven, Deutschland
E-Mail: tobias.meyer@iwes.fraunhofer.de

S. Althoff · R. Schemmel
Lehrstuhl für Dynamik und Mechatronik (LDM), Universität Paderborn, Paderborn, Deutschland
E-Mail: Simon.Althoff@weidmueller.com

R. Schemmel
E-Mail: reinhard.schemmel@upb.de ·

O. Kirsch
Packaging Technologies, Infineon Technologies AG, Warstein, Deutschland
E-Mail: Olaf.Kirsch@infineon.com

© Springer-Verlag GmbH Deutschland, ein Teil von Springer Nature 2019
W. Sextro und M. Brökelmann (Hrsg.), *Intelligente Herstellung zuverlässiger
Kupferbondverbindungen,* Intelligente Technische Systeme – Lösungen aus dem
Spitzencluster it's OWL, https://doi.org/10.1007/978-3-662-55146-2_6

erreicht werden. Ziele waren die *Maximierung der Verbindungsqualität,* die *Minimierung der Bonddauer,* die *Vermeidung von Bondtoolaufsetzern* sowie ein *geringer Werkzeugverschleiß.*

Dazu wurden in Kap. 2 zunächst die Grundlagen des Ultraschall-Drahtbondprozesses inklusive des dazugehörigen Ultraschall-Erweichungseffekts („Ultrasonic Softening") und die Eigenschaften piezoelektrischer Systeme dargestellt. Diese bilden die Grundlage für die in Kap. 3 vorgestellte Modellbildung des Bondprozesses. Dieser Buchabschnitt nimmt eine zentrale Position ein, da die Modellbildung als Grundlage für die später in Kap. 5 vorgestellte modellbasierte Mehrzieloptimierung notwendig ist. Das Gesamtmodell zur Simulation eines Bondprozesses ist modular aus mehreren Teilmodellen aufgebaut, die den entscheidenden dynamischen Verbindungsprozess abbilden. Dazu wurde ein Punktkontaktmodell nach SEXTRO und ALTHOFF vorgestellt, das eine örtliche und zeitliche Berechnung der eingebrachten Energien im Reibkontakt ermöglicht. Als Ergebnis konnte eine realitätsnahe Abbildung des Anbindungsverhaltens realisiert werden. Diese zeichnet sich dadurch aus, dass die über die gesamte Dauer des Bondprozesses inhomogene Anbindung abgebildet wird. Neben der Kontaktmodellierung stellte sich auch die Modellierung der Drahtdeformation unter Ultraschall als eine Herausforderung dar. Die auftretenden plastischen Deformationen des Drahtes wurden mittels einer Finite-Elemente-Simulation abgebildet und liefern die für die Kontaktmodellierung notwendigen Kontaktflächen und ortsaufgelösten Kontaktdrücke in Abhängigkeit der vertikalen Verschiebung des Bondwerkzeugs. Dabei kommt ein mittels maschineller Lernverfahren bestimmtes Modell zum Einsatz, dass die Drahthöhenabnahme unter Ultraschall abbildet. Dem Modell des Ultraschall-Drahtbondens wurden im Anschluss Störgrößen hinzugefügt, da diese den Prozess signifikant beeinflussen. Die betrachteten Störgrößen sind der *Werkzeugverschleiß* und daraus resultierende *Bondtoolaufsetzer,* beide Einflüsse konnten hinreichend genau modelliert werden. Das ermöglicht Vorhersagen hinsichtlich der Werkzeuglebensdauern und Wahrscheinlichkeiten für Bondtoolaufsetzer bei unterschiedlichen Prozessparametern.

Die Ergebnisse der Simulation wurden in Kap. 4 diversen Messungen gegenübergestellt. Es zeigte sich, dass die simulierten Verläufe, insbesondere der Scherkraft, in guter Näherung der Messung folgten. Der gewählte Modellierungsansatz ist somit in der Lage, das Reinigungs- und Anbindungsverhalten realitätsnah abzubilden. Dies zeigte sich insbesondere darin, dass die charakteristischen Punkte einer vollständigen Reinigung respektive einer vollständigen Anbindung mit den in der Praxis beobachteten Bondflächen gut übereinstimmen.

Um den tatsächlichen Systemzustand während des Bondprozesses zu schätzen, wurde abschließend in Kap. 5 ein Prozessbeobachter nach dem Konzept des Operator-Controller-Moduls entwickelt, der Messdaten aus der Fertigung von Referenzbonds auswertet und mit den Ergebnissen der Simulation vergleicht. Prozessparameter können so entsprechend der aktuellen Störgrößen und Benutzer-Zielvorgaben angepasst werden. Eine aus dem Modell berechnete Paretofront mit dazugehörigen Pareto-optimalen Parametersätzen dient hier als Grundlage. Die Verhaltensanpassung wurde an einem nur geringfügig modifizierten

Bondautomaten implementiert. Externe Computersysteme übernehmen dabei die Datenauswertung und die Systemanpassung. Eine Beeinflussung des Prozesses durch den Bediener ist über eine Vorgabe von Zielprioritäten möglich. In Kurzzeittests wurde die Funktion dieses Verfahrens demonstriert. Ein derartiges System kann, wenn es nach weiterer Ausarbeitung und Qualifizierung in Serie eingesetzt wird, wesentliche Verbesserungen des Kupferbondprozesses in technischer und wirtschaftlicher Hinsicht bringen.

Die in diesem Buch beschriebenen Ergebnisse entstanden im Rahmen des Spitzenclusters „Intelligente Technische Systeme OstWestfalenLippe (it's OWL)" im Forschungs- und Entwicklungsprojekt „Intelligente Herstellung zuverlässiger Kupferbondverbindungen (itsowl-InCuB)". Das Projekt wurde mit Mitteln des Bundesministeriums für Bildung und Forschung (BMBF) gefördert und vom Projektträger Karlsruhe (PTKA) betreut. Die Verantwortung für den Inhalt dieser Veröffentlichung liegt bei den Autoren.

Printed in the United States
By Bookmasters